付少波　裴海林　主编

教你快速看懂电子电路图

JIAONI KUAISU KANDONG
DIANZI DIANLUTU

U0228671

 化学工业出版社

·北京·

图书在版编目（CIP）数据

教你快速看懂电子电路图/付少波，裴海林主编.
北京：化学工业出版社，2015.6（2025.2重印）
ISBN 978-7-122-23407-0

Ⅰ.①教…　Ⅱ.①付…②裴…　Ⅲ.①电子电路-电
路图－识别　Ⅳ.①TN710

中国版本图书馆 CIP 数据核字（2015）第 058181 号

责任编辑：宋　辉　　　　　　　　　文字编辑：陈　喆
责任校对：边　涛　　　　　　　　　装帧设计：王晓宇

出版发行：化学工业出版社（北京市东城区青年湖南街 13 号　邮政编码 100011）
印　　装：大厂回族自治县聚鑫印刷有限责任公司
850mm×1168mm　1/32　印张 8¾　字数 241 千字
2025 年 2 月北京第 1 版第 17 次印刷

购书咨询：010-64518888　　　　　　售后服务：010-64518899
网　　址：http://www.cip.com.cn
凡购买本书，如有缺损质量问题，本社销售中心负责调换。

定　　价：29.80 元　　　　　　　　版权所有　违者必究

前言 FOREWORD

　　进入 21 世纪，电子技术的广泛应用，给工农业生产、国防事业、科技和人民的生活带来了革命性的变化。为推广现代电子技术，普及电子科学知识，特别是为帮助即将从事电子技术的人员掌握电子电路图的识读本领，使他们尽快理解现代电子电路与电子装置的构成原理，了解电子元器件与零部件在电子技术中的应用情况，我们编写了本书。

　　本书从广大电子爱好者的实际需要出发，言简意赅，图文并茂，通俗易懂；在内容编排上由浅入深，循序渐进，符合知识认知的基本规律。全书从电子元器件的识别入手，采用图片与文字相结合的方式，详细介绍了各类电子电路图的识读方法，全书注重实用性和可操作性，理论与实际融会贯通，对快速掌握电子技术基础知识、分析识读各类电子电路图很有好处。本书既可作为广大电子技术工作者、无线电爱好者的速成教材，也可作为大中专院校电子技术专业的辅导用书。

　　本书由付少波、裴海林主编，陈影、胡云朋、张淼任副主编，参加编写工作的还有付兰芳、何惠英、俞妍、赵玲、李纪红、马博韬、柳贵东、孙昱、范毅军、李志勇、周金球。全书由李良洪、张宪主审。

　　由于编者的水平有限，加之电子技术的发展十分迅速，书中不足之处在所难免，敬请广大读者批评指正。

编　者

目录 CONTENTS

第6章 晶闸管应用电路 143

第7章 集成运算放大器电路 166

第8章 振荡电路 190

第1章 Chapter 1 ?

常用电子元器件及其单元电路

1.1 教你识读电阻串、并联电路

1.1.1 普通电阻器的识别

（1）电阻器的图形符号和文字代号

电阻器是限制电流的元件，通常简称为电阻，是电子产品中最基本、最常用的电子元件之一。电阻器的图形符号如图 1-1 所示，文字符号用字母"R"和序号表示（如 R_1），外形如图 1-2 所示。

图形符号　　　　　　　　　文字代号

R

图 1-1　电阻器的图形符号和文字代号

（2）电阻类型的识别

常用电阻型号一般由四部分组成。第一部分"R"表示电阻器，第二部分用大写英文字母表示电阻的材料，第三部分为数字或字母，表示电阻的类型，第四部分为数字，表示序号。电阻型号的含义如表 1-1 所示。

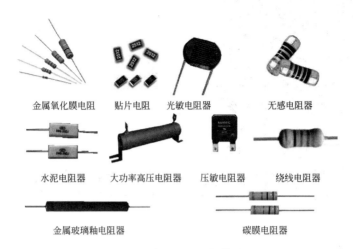

金属氧化膜电阻　贴片电阻　光敏电阻器　　　　无感电阻器

水泥电阻器　大功率高压电阻器　压敏电阻器　绕线电阻器

金属玻璃釉电阻器　　　　　　碳膜电阻器

图 1-2　常见电阻器的外形

表 1-1　电阻型号的含义

电阻型号含义				实　例
第一部分	第二部分	第三部分	第四部分	
	H　合成碳膜	1　普通		
	I　玻璃釉膜	2　普通		例 1
	J　金属膜	3　超高频		型号：RT11
	N　无机实心	4　高阻		含义：
	G　沉积膜	5　高温		普通碳膜电阻
R	S　有机实心	7　精密	序号	例 2
	T　碳膜	8　高压		型号：RJ71
	X　线绕	9　特殊		含义：
	Y　氧化膜	G　高功率		精密金属膜电阻
	F　复合膜	T　可调		

（3）电阻器的主要参数

电阻器的主要参数如图 1-3 所示。

在选用电阻器时，一般只考虑标称阻值、额定功率、阻值误

教你快速看懂电子电路图

图 1-3　电阻器的主要参数

差。其他几项参数，只在有特殊需要时才考虑。

（4）电阻器阻值标称值的表示方法

电阻器的标称值是指电阻器表面所标注的电阻值。电阻值的单位为欧姆（Ω）、千欧姆（kΩ）、兆欧姆（MΩ），其相互关系为：$1MΩ=10^3 kΩ=10^6 Ω$。标称阻值的标注方法主要有直标法、文字符号法和色标法三种，分别如图 1-4～图 1-6 所示。

① 直标法：就是将数值直接打印在电阻器上，如图 1-4 所示。

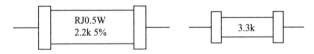

图 1-4　标称阻值的直标法

② 文字符号法：将文字、数字有规律地组合起来表示电阻器的阻值，如图 1-5 所示。

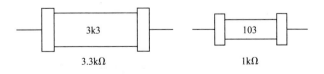

图 1-5　标称阻值的文字符号法

③ 色标法：用不同颜色的色环表示电阻器的阻值误差。电阻器上有四道或五道色环，第五道色环表示误差，如没有第五环，其误差为±20%。精密的色环电阻器采用六色环电阻器。

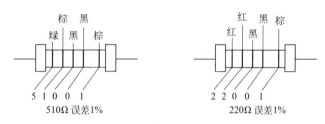

图 1-6 标称阻值的色标法

色环电阻器表面各种颜色代表的数值见表 1-2。

表 1-2 色环电阻器表面各种颜色代表的数值

颜色	有效电阻值数字	倍乘数	允许误差	温度系数（限六色环电阻器）
黑	0	$\times 1$		
棕	1	$\times 10$	$\pm 1\%$	$\pm 100 \times 10^{-6} \, ℃^{-1}$
红	2	$\times 10^2$	$\pm 2\%$	$\pm 50 \times 10^{-6} \, ℃^{-1}$
橙	3	$\times 10^3$		$\pm 15 \times 10^{-6} \, ℃^{-1}$
黄	4	$\times 10^4$		$\pm 25 \times 10^{-6} \, ℃^{-1}$
绿	5	$\times 10^5$	$\pm 0.5\%$	$\pm 20 \times 10^{-6} \, ℃^{-1}$
蓝	6	$\times 10^6$	$\pm 0.2\%$	$10 \times 10^{-6} \, ℃^{-1}$
紫	7	$\times 10^7$	$\pm 0.1\%$	$\pm 5 \times 10^{-6} \, ℃^{-1}$
灰	8	$\times 10^8$		$\pm 1 \times 10^{-6} \, ℃^{-1}$
白	9	$\times 10^9$		
金		$\times 0.1$	$\pm 5\%$	
银		$\times 0.01$	$\pm 10\%$	
无色			$\pm 20\%$	

色环电阻器各色环代表的含义和识别方法如图 1-7 所示。

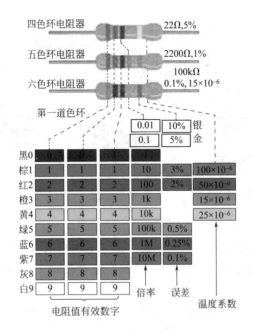

图 1-7　色环电阻器各色环代表的含义和识别方法

可变电阻器的识别

可变电阻器是一种阻值可以改变的电阻器，用于需要调节电路电流或需要改变电路阻值的场合。常用的可变电阻器有两个固定端，第三个接头连到一个可调的电刷上，如图 1-8 所示。

可变电阻器首先是一种电阻器，它在电子电路中可以起到电阻的作用，它与一般电阻器不同之处是它的阻值可以在一定范围内连续变化。

（1）可变电阻器的外形特征

可变电阻器的外形与普通电阻器在外形上有很大区别，它具有以下一些特征，根据这些特征可以在线路板中识别可变电阻器。

可变电阻器的外形特征说明有以下几点。

① 可变电阻器的体积比一般电阻器的体积大些，同时电路中可变电阻器较少，在线路板中能方便地找到它。

图 1-8 可变电阻器

② 可变电阻器有三个引脚，这三个引脚有区别，一个为动片引脚，另两个是定片引脚。一般两个定片引脚之间可以互换使用，而定片与动片之间不能互换使用。

③ 可变电阻器上有一个调整口，用一字螺丝刀（螺钉旋具）可改变动片的位置，进行阻值的调整。

④ 可变电阻器上标有它的标称值，这一标称值是两个定片引脚之间的阻值。

⑤ 小型塑料外壳的可变电阻器更小，而用于功率较大场合下的可变电阻器，体积很大，动片可以左右滑动，进行阻值调节。

（2）可变电阻器的电路符号

图 1-9 所示电路是可变电阻器的电路符号。从电路符号中可以识别两个定片引脚和一个动片引脚，可变电阻器的文字符号用 "R_P" 表示。

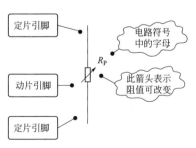

图 1-9　可变电阻器的电路符号

图 1-10（a）所示是旧电路符号，这一符号比较形象地表示了可变电阻器阻值调节原理和电路中的实际连接情况。图 1-10（b）所示是可变电阻器用作电位器时

的电路符号。

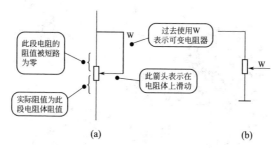

图 1-10 可变电阻器其他电路符号

电子电路中除了采用普通电阻器外，还有一些敏感电阻器，如热敏电阻器、磁敏电阻器、光敏电阻器等。

热敏电阻器是电阻值对温度极为敏感的一种电阻器，也称半导体热敏电阻器。这种电阻器的基本特性是其阻值随温度的变化有极为显著的变化，且伏安特性曲线呈非线性。

热敏电阻器的种类繁多，按阻值温度系数可分为负电阻温度系数（英文缩写为 NTC）和正电阻温度系数（英文缩写为 PTC）热敏电阻器。

负温度系数热敏电阻器的电阻值随温度升高而降低，利用这一特性既可制成测温、温度补偿及控温组件，又可以制成功率型组件，主要用于抑制电路的浪涌电流。负电阻温度系数热敏电阻器常被应用在电源电路中作为限流电阻器。

正温度系数热敏电阻器是一种具有温度敏感性的半导体电阻器。一旦超过一定的温度，其电阻值就会随着温度的升高几乎呈阶跃式地增高。正温度系数热敏电阻器根据其材料的不同可分为陶瓷 PTC 热敏电阻器和有机高分子 PTC 热敏电阻器。常见的陶瓷 PTC 热敏电阻器如图 1-11 所示，常见的有机高分子 PTC 热敏电阻器如图 1-12 所示。

有机高分子 PTC 热敏电阻器与保险丝之间最显著的差异就是前者可以多次重复使用。有机高分子 PTC 热敏电阻器能提供电流保护

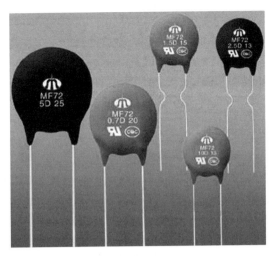

图 1-11　常见的陶瓷 PTC 热敏电阻器

作用，同一个有机高分子 PTC 热敏电阻器能多次提供这种保护。

　　热敏电阻器在电路原理图中文字符号和电路图形符号如图 1-13 所示。光敏电阻器常用字母"LDR""CDS"表示，在不同厂家绘制的电路原理图中，光敏电阻器的图形符号不完全相同。

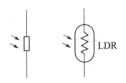

图 1-12　常见的有机高分子　　　　图 1-13　热敏电阻器的
　　　PTC 热敏电阻器　　　　　　　　电路图形符号

1.1.4　普通电阻器单元电路

　　（1）电阻串联电路

　　电阻器对直流电和交流电的阻抗相同，任何电流流过电阻器时都要受到一定的阻碍和限制，并且该电流必然在电阻器上产生电压降。

① 两个或更多个电阻顺序相连，并且在这些电阻中通过同一电流，这样的接法称为电阻的串联。

② 两个串联电阻可用一个等效电阻 R 来代替，其等效电阻为各个串联电阻之和，即 $R = R_1 + R_2$，如图 1-14 所示。

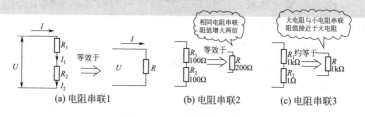

图 1-14 电阻器的串联

电阻串联可以构成分压电路，图 1-15 是电阻分压电路输入回路示意图。输入电压加到电阻 R_1 和 R_2 上，它产生的电流流过 R_1 和 R_2。

分析分压电路的关键点有两个：一是分析输入电压回路及找出输入端；二是找出电压输出端。

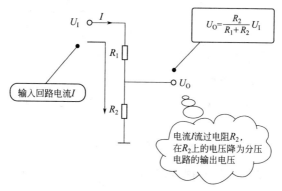

图 1-15 典型的电阻分压电路

分压电路输出的信号电压要送到下一级电路中，理论上分压电路的下一级电路其输入端是分压电路的输出端（前级电路的输出端就是后级电路的输入端）。

串联电阻上电压的分配与电阻成正比。输出端的 U_O 电压为

$$U_O = \frac{R_2}{R_1 + R_2} U_1$$

在图 1-15 中，改变 R_1 和 R_2 阻值的大小，就可以改变输出电压 U_O 的大小。分析分压电路工作原理时不仅需要分析输出电压大小，往往还需要分析输出电压的变化趋势，因为分压电路中的两个电阻其阻值可能会改变。

图 1-16 所示电路是 R_2 阻值变化时 U_O 的变化情况示意图。假定输入电压 U_1、R_1 固定不变，如果 R_2 阻值增大，输出电压也将随之增大；R_2 阻值减小，输出电压 U_O 也将随之减小。

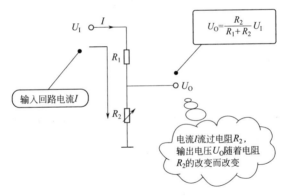

图 1-16　R_2 阻值变化时输出电压 U_O 的变化情况

（2）电阻并联电路

① 两个或更多个电阻连接在两个公共点之间，则这样的接法称为电阻的并联。

② 两个并联电阻可用一个等效电阻 R 来代替，其等效电阻的倒数为各个并联电阻的倒数之和，即 $\frac{1}{R} = \frac{1}{R_1} + \frac{1}{R_2}$，如图 1-17 所示。

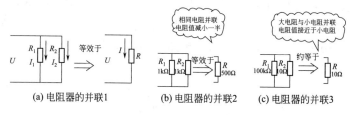

图 1-17 电阻器的并联

电阻的并联可以构成分流电路，图 1-18 所示电路是电阻并联分流电路示意图。输入电压 U_1 加到并联电阻 R_1 和 R_2 上，它产生的电流 I_1、I_2 分别流过 R_1 和 R_2。

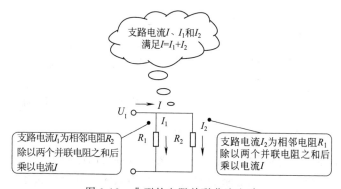

图 1-18 典型的电阻并联分流电路

支路电流 I、I_1 和 I_2 分别为

$$I = U / \frac{R_1 R_2}{R_1 + R_2} \quad I_1 = \frac{U}{R_1} \quad I_2 = \frac{U}{R_2}$$

支路电流 I、I_1 和 I_2 还可通过分流公式来计算：

$$I_1 = \frac{R_2}{R_1 + R_2} I \quad I_2 = \frac{R_1}{R_1 + R_2} I$$

（3）电阻混联电路

既有电阻串联，又有电阻并联的电路，称为电阻混联电路。

电阻混联电路可分为两大类：一类是能用电阻串、并联的方法简化为无分支回路的电路，称为简单直流电阻电路。如图 1-19 所示电路最终可化简为无分支的电路，所以是简单直流电阻电路；另一类是不能用电阻串、并联的方法简化为无分支回路的，称为复杂直流电阻电路。如图 1-20 所示电路最终只能化简为有分支的电路，所以是复杂直流电阻电路。

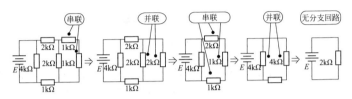

图 1-19 简单直流电阻电路

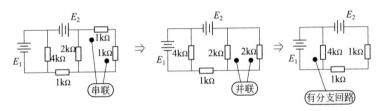

图 1-20 复杂直流电阻电路

简单直流电阻混联电路一般不容易直接看出电阻之间的串、并联关系，常用的简化电路的方法是先利用电流的分、合关系，把电路转化为容易判断的串、并联形式，然后再等效变换为无分支回路形式。如图 1-21（a）所示的混联电路可简化为图 1-21（b）所示的并联电路。

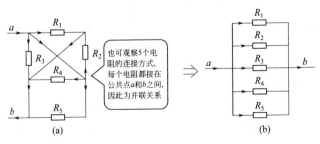

图 1-21 混联电路的简化

判别混联电路的电阻串并联关系应把握以下三点，下面以图1-22为例说明。

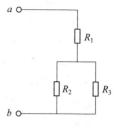

① 看电路的结构特点。若两电阻是首尾相接就是串联，是首首尾尾相接就是并联。图1-22中，R_2 与 R_3 首首尾尾相接，是并联；R_1 与 R_2 和 R_3 并联的等效电阻首尾相接，是串联。

② 看电压电流的关系。若流经两电阻的电流是同一个电流，就是串联；若两电阻上承受

图 1-22　混联电路的电阻串并联关系

的是同一个电压，就是并联。图 1-22 中，R_2 与 R_3 承受相同的电压，是并联；R_1 与 R_2 和 R_3 并联的等效电阻流过相同的电流，是串联。

③ 对电路作变形等效。对电路结构进行分析，选出电路的节点。以图1-21（a）中的节点 a、b 为基准，将电路结构变形，然后进行判别。图1-21（b）所示电路就是图1-21（a）电路的等效变换电路。

1.1.5　可变电阻器单元电路

（1）立体声平衡控制中可变电阻器电路

如图 1-23 所示是音响放大器中左右声道增益平衡调整电路。电路中的 R_P 是可变电阻器，与电阻 R_1 串联。

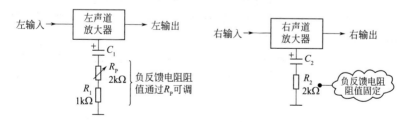

图 1-23　音响放大器中左右声道增益平衡调整电路

在分析 R_P 在电路中的作用前，首先了解一下立体声平衡控制电路的工作原理。

双声道放大器中，严格要求左右声道放大器增益相等，但是电

路元器件的离散性导致左右声道放大器增益不可能相等，为了保证左、右声道放大器增益相等，需要设置左、右声道放大器增益平衡调整电路。通常的做法是：固定一个声道的增益，如将右声道电路增益固定，将另一个声道的增益设置成可调整，左声道放大器中用 R_P 和 R_1 构成增益可调整电路。电路中的 R_2 和 C_2 构成交流负反馈电路。R_2 为交流负反馈电阻，其值越大，放大器的放大倍数越小，反之则大。电路中 C_2 只让交流信号电流流过 R_2，不让直流电流流过 R_2，这样 R_2 只对交流信号存在负反馈作用。

在了解了音响放大器中左右声道增益平衡调整电路之后，可以方便地分析 R_P 在电路中的工作原理。改变 R_P 阻值大小时，就能改变左声道增益的大小。右声道电路中 R_2 的阻值确定，使右声道放大器增益固定。以右声道放大器增益为基准，改变 R_P 阻值，使左声道放大器的增益等于右声道放大器增益，就能实现左右声道放大器增益的相等。可见，利用调整 R_P 的阻值，实现增益平衡非常简便。

（2）电机转速调整电路

如图 1-24 所示为卡座中的双速直流电机转速调整电路。电路中的 S_1 是机芯开关，S_2 是用来转换电机转速的"常速/倍速"转换开关，R_{P1} 和 R_{P2} 分别是常速和倍速下的转速微调可变电阻器，用来对直流电机的转速进行微调。

对这一电路的工作原理分析主要说明下列几点。

① 电机的四个引脚中一个为电源引脚，一个为接地引脚，另两个引脚之间接转速控制电路，即 R_1 和 R_{P1}、R_2 和 R_{P2}。

② 当转换开关在图示的"常速"状态时，R_1 和 R_{P1} 接入电路，调整 R_{P1} 的阻值大小就可以改变电机在常速下的转速，达到常速转速微调的目的。

③ 当转换开关处于"倍速"状态时，R_1 和 R_{P1} 接入电路的同时，R_2 和 R_{P2} 通过开关 S_2 也接入电路，与 R_1 和 R_{P1} 并联。这时电机工作于倍速状态，调整 R_{P2} 的阻值大小可以改变电机在"倍速"状态下的转速，达到倍速转速微调的目的。

④ 在倍速状态下，调整 R_{P1} 的阻值大小也能改变倍速下的电机

速度，但这一调整又影响了常速下的电机转速，所以倍速下只能调整 R_{P2}。而且，只能先调准常速，再调准倍速，否则倍速调整后又影响常速。

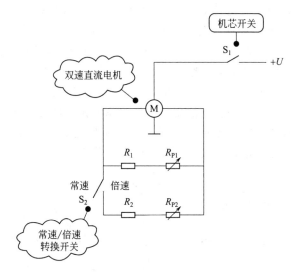

图 1-24　电机转速调整电路

1.1.6　敏感电阻器单元电路

（1）光敏电阻器应用电路

① 光敏电阻器自动夜光灯电路：图 1-25 所示是光敏电阻自动夜光灯电路。用电位器 R_P 设定基准电位，即设定多大照度才能使灯泡自动点亮。当环境照度低时光敏电阻阻值增大，集成运放 A 的反相端电位变低，低于设定的基准电位，集成运放 A 输出脚变

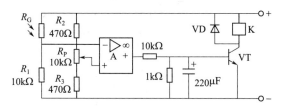

图 1-25　光敏电阻器自动夜光灯电路

为高电位驱动三极管 VT，VT 驱动继电器 K，夜光灯自动点亮。

② 光敏电阻器调光电路：图 1-26 所示电路是一种典型的光控调光电路，其工作原理是：当周围光线变弱时引起光敏电阻 R_G 的阻值增加，使加在电容 C 上的分压上升，进而使晶闸管的导通角增大，达到增大照明灯两端电压的目的。反之，若周围的光线变亮，则 R_G 的阻值下降，导致晶闸管的导通角变小，照明灯两端电压也同时下降，使灯光变暗，从而实现对灯光照度的控制。电路中整流桥给出的必须是直流脉动电压，不能将其用电容滤波变成平滑直流电压，否则电路将无法正常工作。原因在于直流脉动电压既能给晶闸管提供过零关断的基本条件，又可使电容 C 的充电在每个半周从零开始，准确完成对晶闸管的同步移相触发。

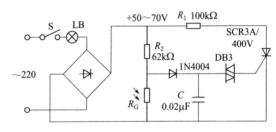

图 1-26　光敏电阻器调光电路

（2）热敏电阻器应用电路

① 负温度系数热敏电阻器构成的温度补偿电路：图 1-27 所示是由负温度系数热敏电阻器构成的温度补偿电路。在该电路中，负温度系数热敏电阻 R_T 连接在晶体管 VT_1 的基极回路中，用来对晶

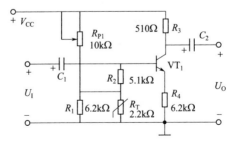

图 1-27　由负温度系数热敏电阻构成的温度补偿电路

体管的温度特性进行补偿。当温度 T 上升时，VT_1 的集电极电流 I_C 会增大。由于负温度系数热敏电阻 R_T 的电阻值随温度升高而减小，从而导致 VT_1 基极电位 U_B 下降，其基极电流 I_B 也随之下降，进而抑制了因温度升高导致的 I_C 的增加，由此达到稳定静态工作点的目的。

② 由热敏电阻器构成的惠斯登电桥测温电路：图 1-28 所示是由热敏电阻构成的惠斯登电桥测温电路，适用于对温度进行测量及调节的场合。电路中，R_1、R_2、R_3、R_T 构成电桥，根据不同的测量环境，选择不同的桥路电阻值和电源电压值。当环境温度变化时，热敏电阻 R_T 的电阻值则发生变化，电桥的输出电压 U_O 也会随之发生变化。因此，U_O 的大小即可间接反映所测量温度的大小。

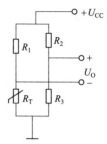

图 1-28　由热敏电阻器构成的惠斯登电桥测温电路

（3）磁敏电阻器应用电路

① 由磁敏电阻器构成的微弱信号放大器电路：图 1-29 中，由磁敏电阻 R_{M1} 和 R_{M2} 构成的纸币识别装置，其输出信号非常小，因此，需要采用 200 倍以上的放大器对其进行放大。采用图 1-29 所示的放大器即可，放大器设计的关键是要注意基准电压的温度漂移。A_1 为直流放大器，R_F 为反馈电阻。A_2 为电容耦合的交流放大器，其时间常数选择低频信号通过的电阻与电容值。该电路不能

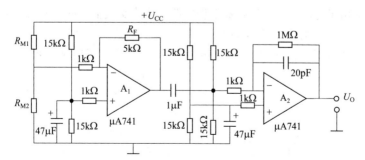

图 1-29　由磁敏电阻器构成的微弱信号放大器电路

放大静止的信号，但容易放大慢速移动磁敏电阻检测到的信号。

②由磁敏电阻器构成的温度补偿电路：图 1-30 电路是由磁敏电阻等构成的温度补偿电路。由磁敏电阻 R_{M1} 和 R_{M2} 与普通电阻 R_1 和 R_2 构成桥路，A-B 间接入的 R_P 与负温度系数的热敏电阻 R_T 并联连接，可以使输出 U_O 的温度特性得到较大改善。R_T 和 R_P 可根据 R_{M1} 和 R_{M2} 选择最佳值。

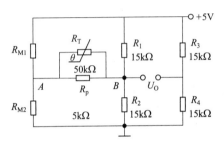

图 1-30　由磁敏电阻器构成的温度补偿电路

1.2　电容器及其单元电路

1.2.1　电容器的识别

电容器通常简称为电容，也是电子产品中应用广泛的电子元件之一。电容器是由两个极板组成的，具有储存电荷的功能，在电路中常用于滤波、与电感构成谐振电路、作为交流信号的传输元件等。

电容器的图形符号如图 1-31 所示，文字符号为"C"。常见电容器的外形如图 1-32 所示。电容器按其功能和使用领域可分为固

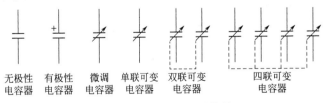

图 1-31　电容器的图形符号

定电容器和可变电容器两大类，固定电容器又分为无极性电容器和有极性电容器。

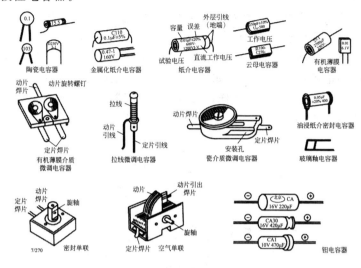

图 1-32　常见电容器的外形

表 1-3 所示为电容器型号命名法。

表 1-3　电容器型号命名法

第一部分		第二部分		第三部分		第四部分
用字母表示主体		用字母表示材料		用字母表示特征		用数字或字母表示序号
符号	意义	符号	意义	符号	意义	
C	电容器	C	瓷介	T	铁电	
		I	玻璃釉	W	微调	
		O	玻璃膜	J	金属化	
		Y	云母	X	小型	包括：品种、尺寸代号、温度特性、直流工作电压、标称值、允许误差、标准代号等
		V	云母纸	S	独石	
		Z	纸介	D	低压	
		J	金属化纸	M	密封	
		B	聚苯乙烯	Y	高压	
		F	聚四氟乙烯	C	穿心式	
		L	涤纶			
		S	聚碳酸酯			

电容器的标注参数主要有标称电容量、允许偏差和额定电压等。

固定电容器的参数表示方法有多种，主要有直标法、色标法、字母数字混标法、3位数表示法和4位数表示法多种。

直标法在电容器中应用最为广泛，在电容器上用数字直接标注出标称电容量、耐压等。如图1-33所示，某电容器上标有510pF±10%、160V、CL12字样，表示这一电容器是涤纶电容器，标称电容量为510pF，允许偏差为±10%，耐压为160V。

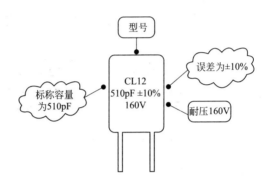

图1-33　电容器直标法示意图

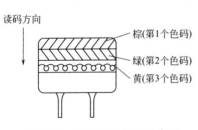

图1-34　电容器色标法示意图

采用色标法的电容器又称色码电容，色码表示的是电容器的标称容量。图1-34所示为电容器色标法示意图。电容器上有3条色带，3条色带分别表示3个色码。色码的读码方向是：从顶部向引脚方向读，对这个电容器而言是棕、绿、黄，依次为第1、2、3个色码。

在这种表示方法中，第1、2个色码表示有效数，第3个色码表示倍乘中10的n次方，容量单位为pF。

如表1-4所示是各色码的具体含义。

表 1-4　各色码的具体含义

色码颜色	黑色	棕色	红色	橙红	黄色	绿色	蓝色	紫色	灰色	白色
表示数字	0	1	2	3	4	5	6	7	8	9

电容器 3 位数表示法中，用 3 位整数来表示电容器的标称容量，再用一个字母来表示允许偏差。

图 1-35 所示是电容器 3 位数表示法示意图。3 位数字中，前两位数表示有效数，第 3 位数表示倍乘，即表示是 10 的 n 次方。3 位数表示法中的标称电容量单位是 pF。

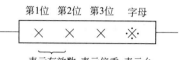

图 1-35　电容器 3 位数表示法示意图

电容器允许偏差与电阻器相同，固定电容器允许偏差常用的是 $\pm5\%$、$\pm10\%$ 和 $\pm20\%$。通常容量越小，允许偏差越小。

1.2.2　电容器单元电路

（1）电容器串联电路

电容器和电阻一样，在电路中也有串、并联连接方式。图 1-36 是三个电容器的串联电路。

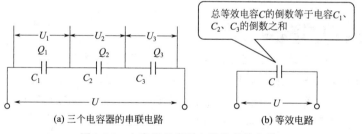

(a) 三个电容器的串联电路　　　　　(b) 等效电路

图 1-36　电容器的串联电路及等效电路

电容器串联电路有如下特点。

① 电路中每个电容器所带电量都相等，且等于总等效电容所带电量，即 $Q=Q_1=Q_2=Q_3$。

② 电路的总电压等于各电容器两端电压之和，即 $U=U_1+U_2+U_3$，这一点与电阻串联电路一样，也是各种串联电路的基本特性。

③ 电容器串联之后，仍然等效为一个电容器，但总的容量将减小。电路中总等效电容的倒数等于各电容的倒数之和，即 $\dfrac{1}{C}=\dfrac{1}{C_1}+\dfrac{1}{C_2}+\dfrac{1}{C_3}$，如图 1-37 所示。

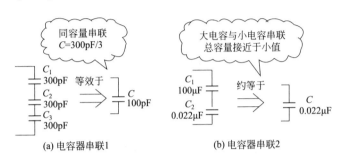

(a) 电容器串联1   (b) 电容器串联2

图 1-37　电容器的串联

④ 电路中，各电容器两端的电压与电容器的容量成反比，即容量大的，两端电压小，容量小的，两端电压大，这种关系称为电容器的分压关系。设电容器串联后，总等效电容所带的电量为 Q，则各电容器的分压关系为 $U_1=\dfrac{Q}{C_1}$，$U_2=\dfrac{Q}{C_2}$，$U_3=\dfrac{Q}{C_3}$。

👍 重要提示

由电容器串联电路的特点可知，在使用电容器时，若电容器的额定直流工作电压小于实际工作电压，可以在满足容量要求的情况下，用串联的方法提高总等效电容器的额定直流工作电压。当多个容量不同的电容器串联时，各电容器上所加的电压不一样，应保证每一个电容器的额定直流工作电压都大于实际所加的电压。

（2）电容器并联电路

图 1-38 所示电路为三个电容器并联的电路，电容器并联的电路有如下一些特点。

① 电路中所有电容器所带的总电量等于各个电容器所带电量

之和，即 $Q = Q_1 + Q_2 + Q_3$。

② 电路中各个电容器两端电压都相等，且等于电路的总电压，即 $U = U_1 = U_2 = U_3$。

③ 电路中总等效电容等于各电容之和，即 $C = C_1 + C_2 + C_3$。

④ 电路中，电容器所带电量与电容器的容量成正比，即容量大的，所带电量多，容量小的，所带电量少。各电容器所带电量与端电压的关系为 $Q_1 = C_1 U$，$Q_2 = C_2 U$，$Q_3 = C_3 U$。

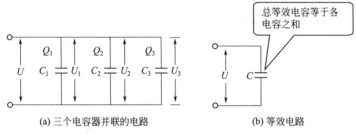

(a) 三个电容器并联的电路　　(b) 等效电路

图 1-38　三个电容器并联的电路及等效电路

由电容器并联电路的特点可知，在使用电容器，如果电容器容量小于实际要求的容量，可以在满足耐压的前提下，采用并联的方法来提高总容量。

如果两个相同容量的电容器并联，总电容量增大一倍；两个容量相差较大的电容器并联，总电容量接近于大电容器的电容量，如图 1-39 所示。

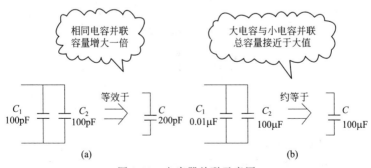

图 1-39　电容器并联示意图

（3）电容器的特性

① 电容器具有不能让直流通过的特性，这一特性称为电容器的隔直特性；此外，电容器还具有让交流信号通过的特性，这称为电容器的通交特性。隔直通交特性是电容器的重要特性之一。

② 电容器的容抗 $X_C = \dfrac{1}{2\pi f C}$，这一公式表明了容抗、容量、频率三者之间的关系。图 1-40 所示为容抗与频率、容量之间关系的图解示意图。

③ 电容器两端的电压不能突变。

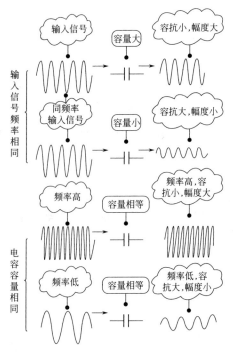

图 1-40　容抗与频率、容量之间关系的图解示意图

（4）电容器滤波电路

电容器滤波电路在电源整流电路中用来滤除交流成分，使输出的直流电压更平滑。在滤波电路中电容器被称为滤波电容。滤波

电容器通常采用有极性的电解电容器。电解电容器的一端为正极，另一端为负极。

滤波电容器通常位于整流二极管或整流全桥后面，电容器正极端连接在整流输出电路的正端，负极端连接在电路的负端，且滤波电路中的电容器采用几个电容器并联的连接方式，如图1-41所示。

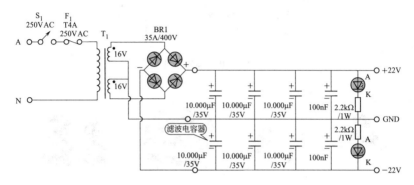

图1-41　滤波电路中的电容器

利用电容器的容抗特性，如果把它串联在电路中，就可以使高频信号通过得多一点，低频信号通过得少一点；反之，如把它并联在电路中，则高频信号被削弱得多一点，低频则削弱得少一点。

单纯的电容器虽有容抗产生，但滤波效果不明显，要使它有明确的滤波作用，必须加入电阻等元器件，这样才能组成可以控制频率的滤波电路。例如，常用的低通滤波器就是让低频信号通过、滤除高频信号的电路。

1.3 电感器及其单元电路

1.3.1 　电感器的识别

将导线卷绕起来或将导线绕在铁芯（磁芯）上就可得到一个电感元件，它是储能元件，通常简称为电感，也是电子产品中常用的基本电子元件之一。电感器的图形符号如图 1-42 所示，用字母"L"表示。电感器可分为固定电感器和可调电感器、空心电感器和铁芯电感器等。扼流圈、磁棒线圈和磁环线圈等都是常见的电感器。电感器的外形如图 1-43 所示。

图 1-42　电感器的图形符号

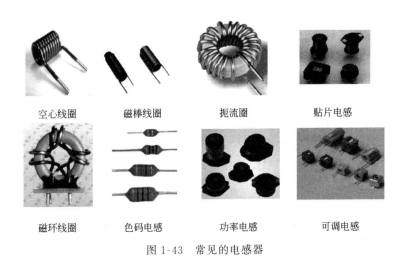

图 1-43　常见的电感器

表 1-5 所示是电感器电路符号解说。

表 1-5　电感器电路符号解说

电路符号	符号名称	解　说
L	新电感器电路符号	这是电感器不含磁芯或铁芯的电路符号，也是最新规定的电感器电路符号
	有磁芯或铁芯电感器电路符号	这一电路符号过去只表示低频磁芯的电感器，电路符号中的那一条实线表示磁芯，且是低频磁芯，现在统一用这一符号表示有磁芯或铁芯的电感器

电路符号	符号名称	解　说
	高频磁芯电感器电路符号	这是过去表示高频磁芯电感器的电路符号，用虚线表示高频磁芯，现在用实线表示有磁芯或铁芯而不分高频和低频，现有的一些电路图中会见到这种电感器电路符号
	磁芯中有间隙电感器电路符号	这是电感器中的一种变形，它的磁芯中有间隙
	微调电感电路符号	这是有磁芯而且电感量可在一定范围内连续调整的电感器，也称微调电感器
	无磁芯抽头电感器电路符号	这一电路符号表示该电感器没有磁芯或铁芯，电感器中有一个轴头，这种电感器有 3 个引脚

（1）电感的单位及允许偏差

电感的单位有 H、mH、μH，其换算关系为 $1H = 10^3 mH = 10^6 \mu H$。

电感量表示了电感器的电感大小，它与线圈的匝数、有无磁芯等有关。允许偏差表示制造过程中电感量偏差大小，通常有Ⅰ、Ⅱ、Ⅲ三个等级，代表的允许偏差分别为±5％、±10％和±20％。

（2）电感器的标注法

① 直标法：直接在电感器上标出其标称电感量。采用直标法的电感器将标称电感量用数字直接标注在电感器的外壳上，同时用字母表示额定工作电流，再用Ⅰ、Ⅱ、Ⅲ表示允许偏差参数。

② 色标法：采用色标表示标称电感量和允许偏差。它的色标法标注方法如图 1-44 所示。

色码电感器的读码方式与色标电阻器一样。4 个色码中最靠电感器一端的为第一个色码，见图中所示位置，这时靠在最左边的一个是第 1 位有效数，其次是第 2 位有效数，第 3 位为倍乘，最后一位为允许偏差色码。

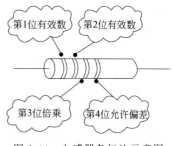

图 1-44　电感器色标法示意图

（3）电感器的特性

电感元件的两个重要特性：① 通直流，阻交流；② 通电线圈周围产生的磁场有阻碍电流变化的作用，因此流过线圈的电流不会发生突变。

1.3.2 变压器的识别

（1）变压器的种类

变压器种类很多，按照不同方式可分为下列几种，如图1-45所示。

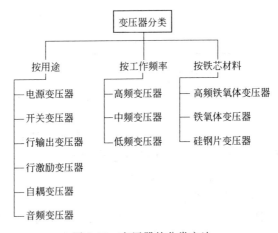

图1-45 变压器的分类方法

（2）常用变压器的结构

变压器由铁芯、原边绕组、副边绕组、支架和接线端子组成，如图1-46所示。其中与电源连接的绕组就是原边绕组（也叫初级绕组），与负载相接的绕组叫副边绕组（也叫次级绕组）。原边绕组和副边绕组都可以有抽头，副边绕组可根据需要做成多绕组的。

变压器可以看作是由两个或多个电感线圈构成的，它利用电感线圈靠近时的互感原理，将电能信号从一个电路传向另一个电路。

变压器通常有一个外壳，一般是金属外壳，但有些变压器没有

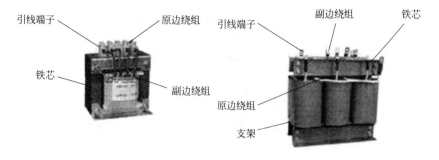

图 1-46　变压器的结构

外壳，形状也不一定是长方体。变压器引脚有许多，最少 3 个，多的达 10 多个，各引脚之间一般不能互换使用。另外，变压器与其他元器件在外形特征上有明显不同，电路板上很容易识别。无论哪种变压器，它们的基本结构和工作原理都是相似的，只是根据不同的工作需要，在一些细节上有所不同，图 1-47 所示为变压器的结构示意图。

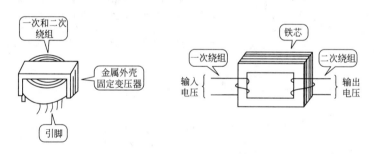

图 1-47　变压器的结构示意图

　　电源变压器是一种常用电子元器件，图 1-48 所示的变压器有两个绕组，1-2 为一次绕组（也称初级线圈），3-4 为二次绕组（也称次级线圈），其文字符号是"T"。电路符号中的垂直实线表示变压器有铁芯。但是各种变压器的结构是不同的，所以它的电路符号也有所不同。

　　表 1-6 所示为几种变压器的电路符号识图信息。

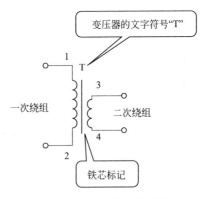

图 1-48　变压器的电路符号

表 1-6　几种变压器的电路符号识图信息

序　号	电路符号	说　明
1		该变压器有两组二次绕组，3-4 为一组，5-6 为另一组。电路符号中的实线和虚线，表示变压器一次绕组和二次绕组之间设有屏蔽层。屏蔽层一端接线路中的地线（不可两端同时接地），起抗干扰作用。该变压器主要应用于电源变压器
2		图中的一次绕组和二次绕组一端画有黑点，是同名端标记，表示有黑点端的电压极性相同，两端点的电压同时增大，同时减小
3		该变压器一、二次绕组没有实线，表示这种变压器没有铁芯

序　号	电路符号	说　明
4	1 T 3 一次绕组 二次绕组 4 5 2	变压器的二次绕组有抽头，即 4 脚是 3-5 间的抽头，可有两种情况：一是 3-4 之间的匝数和 4-5 之间的匝数相同时，4 脚称为中心抽头；二是当 3-4 之间的匝数和 4-5 之间的匝数不等时，4 脚为非中心抽头
5	1 T 一次绕组 二次绕组 2 4 3 5	该变压器一次绕组有一个抽头 2，可以输入不同的交流电
6	1 T 2 3	该变压器为自耦变压器，它只有一个绕组，2 为抽头。若 2-3 间为一次绕组，1-3 间为二次绕组，则它是升压变压器；若 1-3 间为一次绕组，2-3 间为二次绕组，则它是降压变压器

（3）变压器的主要参数

变压器的主要参数有变比、效率和频率响应等。不同的变压器主要参数的要求不一样。电源变压器的主要参数有额定功率、额定电压和额定电流、空载电流和绝缘电阻。音频变压器的主要参数有阻抗、频率响应和效率。

① 变压比：变压器副边绕组的匝数 N_2 与原边绕组的匝数 N_1 之比。它反映了变压器的电压变换作用。变压器的变压比由下式确定：

$$U_2/U_1=N_2/N_1$$

其中，U_2 为变压器的副边绕组的电压；U_1 为变压器原边绕组的电压。

② 效率：在额定负载时，变压器的输出功率 P_2 与输入功率 P_1 之比，称为变压器的效率 η，即 $\eta=P_2/P_1$。

③ 频率响应：它是音频变压器的一项重要指标。通常要求音

频变压器对不同频率的音频信号电压，都能按一定的变压比作不失真的传输。实际上，由于变压器初级电感和漏感及分布电容的影响，不能实现这一点。初级电感越小，低频信号电压失真越大；漏感和分布电容越大，高频信号电压的失真越大。

（4）变压器的工作原理

下面以图 1-48 所示电路为例来说明，图中，左侧是一次绕组，右侧是二次绕组，一次绕组和二次绕组均绕在铁芯上。变压器只能输入交流电压，从一次绕组输入交流电压，从二次绕组输出交流电压。

当给一次绕组输入交流电压后，一次绕组中有交流电流，一次绕组产生交变磁场，磁场的磁力线绝大多数由铁芯或磁芯构成闭合回路。因二次绕组也绕在铁芯或磁芯上，变化的磁场通过二次绕组，在二次绕组两端产生感应电动势。二次绕组所产生的电压大小与输入电压大小不同（也有相同的情况，如 1：1 变压器），其频率和变化规律与交流输入电压一样。

综上所述，给变压器的一次绕组输入交流电压，其二次绕组两端输出交流电压，这就是变压器的基本工作原理。

（5）变压器的隔离特性

所谓变压器隔离特性，是一次侧与二次侧回路之间共用参考点可以隔离。隔离特性是变压器的重要特性之一，电源电压器的安全性是由这一特性决定的。

图 1-49 所示的电路中 T_1 是电源变压器，输入电压加在一次绕组 1-2 之间。电压器输入端的相线（火线）与零线之间为 220V 的交流电压，而零线与大地等电位，这样，火线与大地之间存在 220V 的交流电压。人站在大地上直接接触火线会对人身造成生命危险，必须高度重视。

假如电路中的变压器 T_1 是一个 1：1 变压器，即给它输入 220V 交流电压，它的输出电压也是 220V（3-4 绕组之间的电压）。

二次绕组的任一端（3 端或 4 端）对大地之间的电压为 0V，这是因为二次绕组的输出电压不是以大地为参考的，同时一次绕组和二次绕组高度绝缘。这样，人站在大地上只接触变压器 T_1 二次绕组的任一端，没有危及人身安全的危险，但且不可同时接触 3、4 端（3-4 间的电压为 220V），而若接触一次绕组的火线端，则会造成触电。这便是变压器的隔离作用。

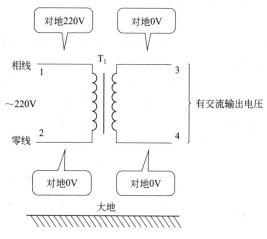

图 1-49　隔离变压器示意图

在许多电子电路中使用 220V 作为电源，为了保证设备使用过程中使用者的人身安全，需要将 220V 交流电源进行隔离，同时电源变压器将 220V 交流电压降低到合适的电压，如图 1-50 所示。它是具有降压和隔离作用的电源变压器。

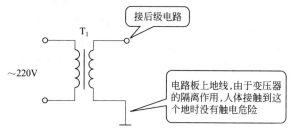

图 1-50　隔离变压器作用示意图

（6）变压器的隔直通交特性

变压器同前面提到的电容器一样，也具有隔直流通交流特性。

图 1-51 所示的是变压器隔直通交特性示意图。

① 隔直流特性：给变压器一次绕组加上直流电时，一次绕组中有直流电流通过，由于一次绕组产生的磁场大小和方向均不变，这时二次绕组不能产生感应电动势，因此二次绕组两端无输出电压，如图 1-51（a）所示。

由此可知，变压器不能将一次绕组中的直流电耦合到二次绕组中，所以变压器具有隔直流特性。

② 通交流特性：变压器一次绕组中流过交流电流时，二次绕组两端有交流电压输出，所以变压器能够使交流电通过，具有通交流特性，如图 1-51（b）所示。利用变压器的隔直流通交流特性可构成耦合电路，即变压器耦合电路。

(a) 输入直流信号　　　　　　　　(b) 输入交流信号

图 1-51　变压器隔直通交特性示意图

图 1-52 所示的是变压器耦合电路示意图。这一电路正是利用了变压器的隔直流通交流特性，将放大三极管 VT_1 与后面电路的直流隔开，同时耦合变压器二次侧输出经 VT_1 放大后的信号。

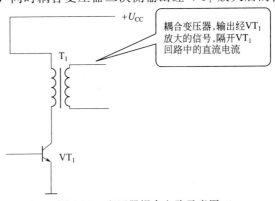

图 1-52　变压器耦合电路示意图

1.3.3 电感器单元电路

（1）电感器串联电路

图 1-53 所示电路为两个电感器相串联的电路，由电感的伏安特性和基尔霍夫电压定律（KVL）可知，两个相串联电感器的等效电感等于这两个电感之和，即 $L = L_1 + L_2$。两个相串联电感器上的电压与其电感量成正比，电感量越大，分压越大。

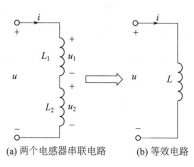

(a) 两个电感器串联电路　　(b) 等效电路

图 1-53　两个电感器相串联的电路

以上结论可推广到如图 1-54 所示的 n 个电感器相串联时的情况。

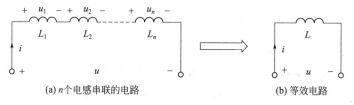

(a) n 个电感串联的电路　　(b) 等效电路

图 1-54　n 个电感器相串联的电路

（2）电感器的并联电路

图 1-55 所示电路为两个电感器相并联的电路，由电感的伏安特性和基尔霍夫电流定律（KCL）可知，两电感的等效电感的倒数等于这两个电感的倒数之和，即 $L = \dfrac{L_1 L_2}{L_1 + L_2}$。

流过两个并联电感器上的电流与电感量成反比，电感量越大，分得的电流越小。

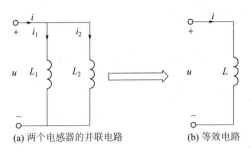

(a) 两个电感器的并联电路   (b) 等效电路

图 1-55　两个电感器相并联的电路

以上结论可推广到如图 1-56 所示的 n 个电感相并联时的情况。

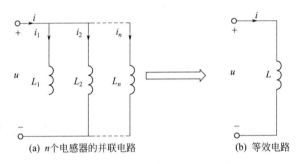

(a) n 个电感器的并联电路   (b) 等效电路

图 1-56　n 个电感器并联的电路

（3）电感滤波电路

电源电路中的滤波电路接在整流电路之后，用来去掉整流电路输出电压中的交流成分，电感滤波电路是用电感器构成的一种滤波电路，其滤波效果相当好。

如图 1-57 所示电路是 π 型 LC 滤波电路。电路中，C_1 和 C_2 是滤波电容，L 是滤波电感。关于 π 型 LC 滤波电路的工作原理将在后续章节进行详细介绍。

（4）电感储能电路

电感储能电路主要应用在 DC-DC 转换电路中，充分利用电感的储能作用进行直流电压的升、降压调整。

电感储能电路是通过一个电子开关（二极管或三极管）在电感

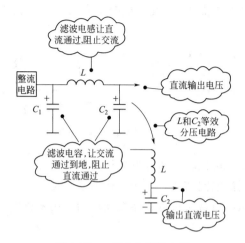

图 1-57　π 型 LC 滤波电路

中先储存电荷,然后释放电荷来完成的。电感充电和放电按照 4 个步骤来完成,如图 1-58 所示。

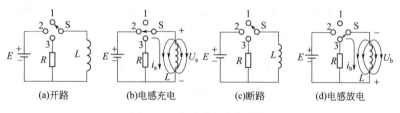

(a)开路　　(b)电感充电　　(c)断路　　(d)电感放电

图 1-58　电感的充电和放电

1.3.4　变压器单元电路

（1）电压变换

由于电网电压是 220V 的交流电,一些用电器通常不能工作在这么高的电压下,因此需要将电压降压后才能为用电器供电。

电视机、收录机、功放机等电子产品,都使用了电源电压器,其目的是实现变压,将 220V 交流电转换成低压交流电,再由整流、滤波及稳压电路将低压交流电转换成所需的直流电。图 1-59 （a）所示电路中的变压器将 220V 交流电变换为 12V 交流电,图

1-59（b）中变压器将 220V 交流电变换为双 17V 交流电。

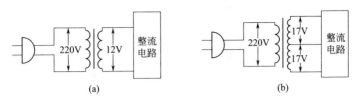

图 1-59　电源变换电路

变压器除了可以将电压降低供用电器使用外，也可以将电压升高来满足不同的电路需要。由于变压器通常是用来降压的，因此用来升压的变压器通常又被称为逆变变压器，用来将电压升高的电路称为逆变电路。

（2）脉冲变压

在电视机开关电源中，广泛使用脉冲变压器来对脉冲电压进行变压，力求获得各种幅度不同的脉冲电压。图 1-60 所示电路是一个开关电源示意图，开关管工作在开关状态，使开关变压器初级线圈 L_1 上产生脉冲电压，这些脉冲电压经变压后，分别在次级绕组 L_2、L_3、L_4 上得到幅度不同的脉冲电压输出。

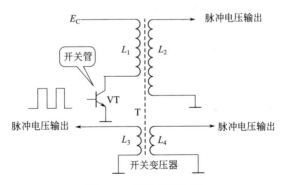

图 1-60　脉冲变压电路

（3）电流变换

在这里专门提出变流的概念，是针对负载对电流的需求而言的。例如，电视机的行激励电路属高压、小电流输出方式，而行输出电路属低电压、大电流输入方式。为了使行激励电路输出的电流能满足行输出电路的要求，通常在行激励电路和行输出电路之间使用变压器来传输脉冲，如图 1-61 所示。图中，T 为行激励变压器，它实际上是降压变压器，能将高电压、小电流转化为低电压、大电流。

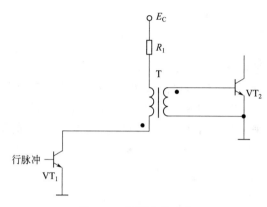

图 1-61　用于电流变换

（4）阻抗变换

上面讲过变压器能起变换电压和变换电流的作用。此外，它还有变换负载阻抗的作用，以实现"匹配"。

阻抗变换广泛应用于扩音机中。众所周知，扩音机的最终负载是扬声器，扬声器的负载往往很小（4Ω、8Ω 或 16Ω），若直接将其接在输出放大器上，往往会使扬声器所获得的功率很小，为此采用变压器来进行阻抗变换，以提高输出效率。

在图 1-62 中，负载阻抗模 $|Z|$ 接在变压器二次侧，而图中的点画线框部分可以用一个阻抗模 $|Z'|$ 来等效代替。所谓等效，就是输入电路的电压、电流和功率不变。也就是说，直接接在电源上的阻抗模 $|Z'|$ 和接在变压器二次侧的负载阻抗模 $|Z|$ 是等效的。两者的关系是：

$$|Z'| = \left(\frac{N_1}{N_2}\right)^2 |Z|$$

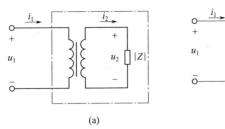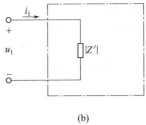

(a)　　　　　　　　　　　　　(b)

图 1-62　负载阻抗的等效变换

（5）信号耦合

图 1-63 所示电路是调幅收音机的中频电路，T 为中频变压器，用来耦合信号，T 的初级与 C_1 构成选频电路，将 465kHz 的中频信号选择出来，并耦合到次级，再由次级送至 VT_2 的基极，由于 T 的存在，VT_1 和 VT_2 的工作点彼此独立，互不影响。

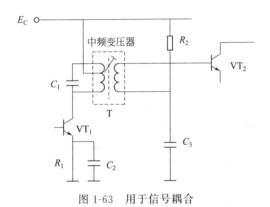

图 1-63　用于信号耦合

1.4 二极管及其单元电路

1.4.1 二极管的识别

（1）二极管的电路图形符号

晶体二极管简称为二极管，是一种常用的具有一个 PN 结的半导体器件。二极管的图形符号如图 1-64 所示，在电子产品中用字母"VD"表示。图 1-65 所示为其他二极管的电路图形符号。常用二极管的外形如图 1-66 所示。

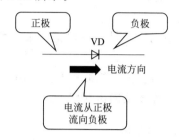

图 1-64　二极管的图形符号

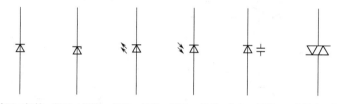

普通二极管　稳压二极管　发光二极管　光敏二极管　变容二极管　双向触发二极管

图 1-65　二极管的电路图形符号

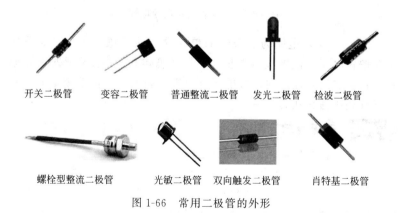

开关二极管　　　变容二极管　　普通整流二极管　发光二极管　　检波二极管

螺栓型整流二极管　　　光敏二极管　双向触发二极管　　肖特基二极管

图 1-66　常用二极管的外形

二极管的外包装材料有塑料、玻璃和金属 3 种。按照二极管的结构材料可分为硅和锗两种。按制作与识别可分为点接触型和面接触型；按用途可分为整流二极管、稳压二极管、检波二极管、开关二极管、双向二极管、变容二极管、高压硅堆和敏感类二极管（光敏、热敏、磁敏、压敏等）。

（2）二极管的重要特性

① 二极管具有单向导电性，一般情况下只允许电流从正极流向负极。

② 普通二极管具有整流、检波和开关作用。

③ 稳压二极管工作于反向击穿状态。

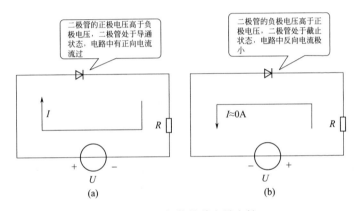

图 1-67　二极管的单向导电性

图 1-67 所示电路为二极管的单向导电性示意图，当二极管加正向偏置电压（正极接高电位，负极接低电位），二极管处于导通状态；当二极管加反向偏置电压（负极接高电位，正极接低电位），二极管处于截止状态。

1.4.2　二极管单元电路

（1）二极管串联构成的偏置电路

图 1-68 所示电路为三个二极管串联构成的三极管放大偏置电路，电路中 VD_1、VD_2、VD_3 是二极管，它们用来构成一种特殊的偏置电路。每个二极管导通后的压降约为 0.7V（硅管），因此，三极管的基极电位为 2.1V 左右，保证三极管的发射结正向偏置，而集电结处于反向偏置，使三极管工作于放大状态。

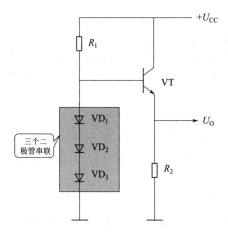

图 1-68　三个二极管串联构成的三极管放大偏置电路

（2）二极管整流电路

二极管整流电路是利用二极管的单向导电性，将交流电变换为直流脉动电压的电路。根据整流电路中二极管的使用情况，整流电路可分为半波整流、全波整流、全波桥式整流及倍压整流电路等电路形式。

图 1-69 所示电路为二极管桥式整流电路，该电路由电源变压

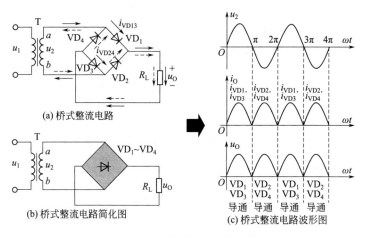

图 1-69　二极管桥式整流电路

器和 4 个同型号的二极管接成桥式组成。

（3）二极管限幅电路

二极管正向导通后，正向压降基本保持不变。利用这一特性就可以把二极管作为电路中的限幅组件，将信号幅度限制在一定范围内，适用于多种保护电路中。

用二极管可以构成多种形式的限幅电路，通过限幅电路，可以防止信号的幅度超出规定值。限幅电路是一种保护后级电路安全工作的电路，因为某些电路中如果输入信号幅度太大，会造成电路工作不正常和不安全。

图 1-70 所示电路为二极管限幅典型应用电路。二极管 VD 可以将输出电压限制在 3V，由于限幅二极管可以将输出端的输出电压限制在一定的幅值，即将输出电压钳位在一定范围内，因此该二极管又可称为钳位二极管。

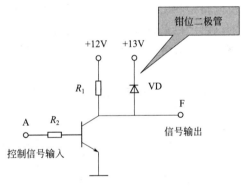

图 1-70　二极管限幅典型应用电路

（4）二极管逻辑门电路

利用二极管的开关作用可以将二极管构成逻辑门电路，如与门电路、或门电路、非门电路、与非门电路、或非门电路等。

图 1-71 所示电路为二极管构成的与门电路。

（5）稳压二极管应用电路

稳压二极管 VD_Z 在工作时通常并联在供电电压两端，且通常都串联一个限流电阻 R，以确保工作电流不超过最大稳定电流

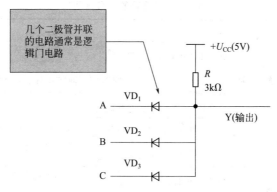

几个二极管并联的电路通常是逻辑门电路

图 1-71　由二极管构成的与门电路

I_{ZM}。图 1-72 所示电路为稳压二极管应用电路。

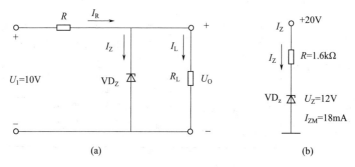

(a)

(b)

图 1-72　稳压二极管应用电路

从图 1-72（a）中可以看出，输出电压就是稳压二极管的稳压值。

1.5 三极管及其单元电路

1.5.1 三极管的识别

（1）三极管的划分种类

三极管的划分种类很多，表 1-7 所示为三极管的种类。

表 1-7　三极管的划分种类

划分方法及名称		说　明
按极性划分	NPN 型三极管	目前常用的三极管，电流从集电极流向发射极
	PNP 型三极管	与 NPN 型不同之处在于电流从发射极流向集电极，两种类型的三极管可以通过电路符号加以区分
按材料划分	硅三极管	制造材料采用单晶硅，热稳定性好
	锗三极管	制造材料采用锗材料，反向电流大，受温度影响较大
按工作频率划分	低频三极管	工作频率较低，用于直流放大器、音频放大器等
	高频三极管	工作频率较高，用于高频放大器
按功率划分	小功率三极管	输出功率很小，用于前级放大器
	中功率三极管	输出功率较大，用于功率放大器或末级电路
	大功率三极管	输出功率很大，用于功率放大器输出级
按安装形式划分	普通三极管	3 个引脚通过电路板上引脚孔伸到背面铜箔线路上，用焊锡焊接
	贴片三极管	体积小，3 个引脚非常短，直接焊接在电路板铜箔线路一面
按封装材料划分	塑料封装三极管	小功率三极管大多采用这种封装
	金属封装三极管	一部分大功率三极管和高频三极管采用这种封装

（2）三极管的封装形式

目前应用最多的是塑料封装的三极管，其次是金属封装的三极管。表 1-8 所示为几种常见的三极管。

表 1-8　常见的三极管

三极管类型	外　形	说　明
塑料封装的小功率三极管		目前电子电路中应用最多的三极管，其外形有很多种，3 个引脚分布也不同。小功率三极管主要用来放大信号电压和作各种控制电路中的控制器件

三极管类型	外　形	说　明
塑料封装的大功率三极管		左侧所示的塑料封装的大功率三极管，在顶部有一个开孔的小散热片
金属封装的大功率三极管		大功率三极管输出功率较大，用来对信号进行放大。通常情况下，输出功率越大，体积也越大。金属封装大功率三极管体积较大，结构为帽子形状，帽子顶部用来安装散热片，其金属外壳本身就是一个散热部件。这种封装的三极管只有两个引脚，分布为基极和发射极，集电极就是三极管的金属外壳
金属封装高频三极管		高频三极管采用金属封装，其金属外壳可起到屏蔽的作用
带阻三极管		带阻三极管是一种内部封装有电阻器的三极管，它主要构成中速开关管，这种三极管又称为反相器或倒相器
带阻尼管的三极管		带阻尼管的三极管主要在电视机的行输出级电路中作为行输出三极管，它将阻尼二极管和电阻封装在管壳内

三极管类型	外 形	说 明
达林顿三极管		达林顿三极管又称达林顿结构的复合管，有时简称复合管。这种复合管由两个输出功率大小不等的三极管复合而成。它主要作为功率放大管和电源调整管
功率场效应管	mb 1 2 3 MBK106 SOT78(TO-220AB)	场效应管和晶体三极管不同之处在于它是压控器件
贴片三极管		贴片三极管体积小，利于集成

（3）三极管的引脚分布

不同封装的三极管，其引脚分布的规律不同。图 1-73 给出的是一些塑料封装三极管的引脚分布，供识别时参考。

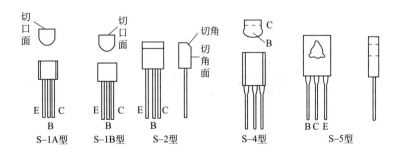

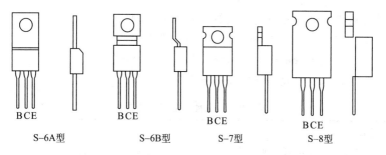

BCE BCE BCE BCE

S-6A型 S-6B型 S-7型 S-8型

图 1-73 塑料封装三极管引脚分布规律示意图

图 1-74 给出的是金属封装三极管引脚分布规律示意图。

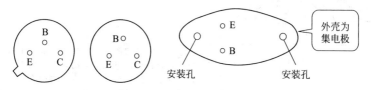

图 1-74 金属封装三极管引脚分布规律示意图

（4）三极管外形特征和电路符号解说

普通塑封三极管　大功率三极管　金属封装三极管　功率三极管　贴片三极管

图 1-75 三极管外形特征

目前用得较多的是塑料封装三极管，其次为金属封装三极管，如图 1-75 所示。关于三极管的外形特征主要说明以下几点。

① 一般三极管有三个引脚，每个引脚之间不可互相代替。不同封装类型的三极管其引脚分布规律也不同。

② 一些金属封装功率放大管只有两个引脚，它的外壳作为第三个引脚（集电极）。有的金属封装高频放大管是四个引脚，第四个引脚接外壳，这一引脚不参与三极管的内部工作。如果是对管，

外壳内部有两个独立的三极管，有 6 个引脚。

③ 功率三极管的外壳上需要附加散热片。

（5）三极管的电路符号解说

三极管的电路符号解说如表 1-9 所示。

表 1-9　三极管的电路符号解说

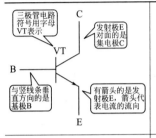	图示为 NPN 型三极管，其电路符号为 VT，三个电极分别为基极（用 B 表示）、集电极（用 C 表示）和发射极（用 E 表示）。各电极的识别方法见图中解说
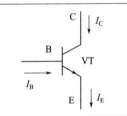	电路符号中发射极的箭头方向指明了 3 个电极的电流方向。判断各电极电流方向时，首先根据发射极箭头方向确定发射极电流的方向，再根据基尔霍夫的电流定律，即基极电流加集电极电流等于发射极电流，判断基极和发射极的电流方向。PNP 型三极管的电路符号，发射极箭头方向朝里。国内生产的硅管多为 NPN 型（3D 系列），锗管多为 PNP 型（3A 系列）

（6）三极管的电路符号

三极管新旧电路符号对比如表 1-10 所示。

表 1-10　三极管新旧电路符号对比

电路符号	名　称	解　说
⊖ T	旧 NPN 型三极管电路符号	电路符号中用字母 "T" 表示三极管，电路符号外有个圆圈
VT	新 NPN 型三极管电路符号	电路符号中用字母 "VT" 表示三极管，新三极管电路符号外没有圆圈

电路符号	名　称	解　说
T	旧 PNP 型三极管电路符号	两种结构类型不同的三极管其电路符号主要不同之处是发射极箭头方向不同，NPN 型发射极箭头方向朝外，PNP 型发射极箭头方向朝里
VT	新 PNP 型三极管电路符号	电路符号中用字母"VT"表示三极管，电路符号外没有圆圈

1.5.2 三极管电流分配解说

三极管具有电流放大作用，掌握三极管的工作原理，最主要的是掌握各电极的电流之间的关系。

（1）三极管结构解说

三极管的基本结构由两个 PN 结构成，其组成形式有 NPN 和 PNP 两种，如表 1-11 所示。

表 1-11　三极管结构解说

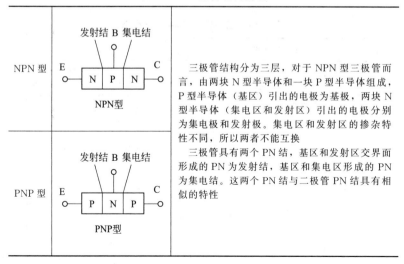

NPN 型	三极管结构分为三层，对于 NPN 型三极管而言，由两块 N 型半导体和一块 P 型半导体组成，P 型半导体（基区）引出的电极为基极，两块 N 型半导体（集电区和发射区）引出的电极分别为集电极和发射极。集电区和发射区的掺杂特性不同，所以两者不能互换
PNP 型	三极管具有两个 PN 结，基区和发射区交界面形成的 PN 为发射结，基区和集电区形成的 PN 为集电结。这两个 PN 结与二极管 PN 结具有相似的特性

（2）三极管各电极电流之间关系解说

三极管各电极电流之间关系是由其内部载流子运动规律决定的。表 1-12 所示为三极管各电极电流之间关系解说。

表 1-12　三极管各电极电流之间关系解说

电流关系		解　说
基极与集电极之间的电流关系	$I_C = \beta I_B$	三极管集电极电流 I_C 与基极电流 I_B 满足线性关系，β 为电流放大系数，β 一般远大于 1（例如几十、几百），I_C 远远大于 I_B
三个电极之间的电流关系	$I_E = I_B + I_C = (1+\beta)\,I_B$ 	可以把三极管看作电路的一个广义节点，三个电极的电流满足基尔霍夫电流定律 三个电极电流中，I_E 最大，I_C 次之，I_B 最小。I_B 微小的变化将会引起 I_C 较大的变化。I_B 与 I_E、I_C 相比小得多，因而 $I_E \approx I_C$

（3）三极管三种工作状态解说

三极管的输出特性曲线可分为三个工作区，也就是说三极管有三种工作状态，即截止状态、放大状态和饱和状态。表 1-13 所示为三极管的三种工作状态解说。

表 1-13　三极管的三种工作状态

工作状态	工作状态特征	解　说
截止状态	发射结、集电结均反向偏置	$I_B \approx 0\mathrm{A}$，$I_C \approx I_{CEO} \approx 0\mathrm{A}$（$I_{CEO}$ 称为穿透电流，受温度影响较大）。为了截止可靠，常使 $U_{BE} \leqslant 0\mathrm{V}$。当三极管截止时，发射极与集电极之间如同一个开关断开，其间电阻很大
放大状态	发射结正向偏置，集电结反向偏置	放大区也称线性区，I_C 与 I_B 成正比关系，即 $I_C = \beta I_B$。对于 NPN 型管而言，应使 $U_{BE} > 0\mathrm{V}$，$U_{BC} < 0\mathrm{V}$。此时，$U_{CE} > U_{BE}$
饱和状态	发射结、集电结均正向偏置	三极管工作于饱和状态时，I_B 的变化对 I_C 的影响较小，两者不成正比。当三极管饱和时，$U_{CE} \approx 0\mathrm{V}$，发射极与集电极之间如同一个开关接通，其间电阻很小

三极管的三种工作状态电路示意图见表 1-14。

表 1-14　三极管的三种工作状态电路示意图

工作状态	截止状态	放大状态	饱和状态
PNP 型锗管	$-U_{CC}$，R_C，I_B，I_C，$U_{BE} \geqslant -0.1V$，I_E，$U_{CE} \approx -U_{CC}$	$-U_{CC}$，R_C，I_B，I_C，U_{BE} $-0.3 \sim -0.2V$，I_E，$U_{CE} = -U_{CC} + I_C R_C$	$-U_{CC}$，R_C，I_B，I_C，U_{BE} $-0.3V$，I_E，$U_{CE} \approx 0$
NPN 型硅管	$+U_{CC}$，R_C，I_B，I_C，$U_{BE} \leqslant 0.5V$，I_E，$U_{CE} \approx U_{CC}$	$+U_{CC}$，R_C，I_B，I_C，U_{BE} $0.6 \sim 0.7V$，I_E，$U_{CE} = U_{CC} - I_C R_C$	$+U_{CC}$，R_C，I_B，I_C，U_{BE} $0.6 \sim 0.7V$，I_E，$U_{CE} \approx 0$
	$I_C \leqslant I_{CEO}$	$I_C = \beta I_B + I_{CEO}$	$I_C = U_{CC}/R_C$
状态特点	$I_B \leqslant 0$，$I_C \leqslant I_{CEO}$，三极管截止，电源电压 U_{CC} 几乎全加在管子上	当 I_B 从 0 逐渐增大时，I_C 也按一定比例增加，三极管处于放大状态，I_B 微小的变化能引起 I_C 较大的变化	当 $I_B > U_{CC}/\beta R_C$ 时，三极管呈饱和状态，I_C 不再随 I_B 的增大而增大，电源电压 U_{CC} 几乎全加在负载 R_C 上

1.5.3　三极管单元电路

（1）放大电路

三极管的主要作用是电流放大，以共发射极放大电路为例，如图 1-76 所示。图中，$U_{CC} > U_{BB}$，保证三极管处于放大状态。当基极电压有一个微小变化时，基极电流 I_B 也会随之有一小的变化，受基极电流 I_B 的控制，集电极电流 I_C 将会有一个很大的变化。基极电流 I_B 越大，集电极电流 I_C 也越大；反之，基极电流 I_B 越小，集电极电流 I_C 也越小，即基极电流控制集电极电流的变化，如表 1-15 所示。集电极电流 I_C 的变化比基极电流 I_B 的变化大很多，这就是三极管的电流放大作用。

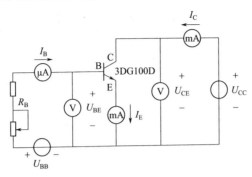

图 1-76 共发射极放大电路

I_C 的变化量与 I_B 的变化量之比叫作三极管的放大倍数 β，$\beta = \Delta I_C / \Delta I_B$。三极管的放大倍数 β 一般在几十到几百。

表 1-15 三极管电流测量数据   mA

I_B	0	0.02	0.04	0.06	0.08	0.10
I_C	<0.001	0.70	1.50	2.30	3.10	3.95
I_E	<0.001	0.72	1.54	2.36	3.18	4.05

（2）开关电路

工作在开关状态下的三极管处于饱和（导通）和截止两种状态。三极管截止时，E、B、C 三个极互为开路，如图 1-77（a）所示。三极管工作在饱和状态时，其等效电路如图 1-77（b）所示。

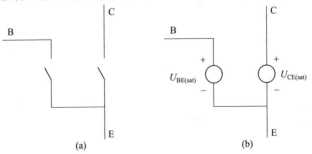

图 1-77 三极管的开关等效电路

图 1-78 所示电路为三极管非门电路,当开关 S 拨至位置"2"时,A 端电压为 0V,三极管 VT 截止,E 点电压为 5V,Y 端输出电压为 5V。当 S 拨至位置"1"时,A 端电压为 5V 时,三极管 VT 饱和导通,E 点电压低于 0.7V,Y 端输出电压也低于 0.7V。

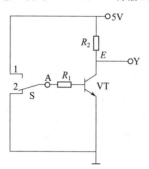

图 1-78　三极管非门电路

1.6 直流电源及其单元电路

直流电源可以采用串联或并联的方式使用,在采用电池供电的电子电器中通常采用直流电源串联的方式,以提高直流工作电压。如需要直流 3V 的工作电压,可采用两节电池串联的方式连接(通常一节电池的电压只有 1.5V)。

1.6.1　直流电源串、并联电路

(1)直流电源串联电路

图 1-79 所示电路是直流电源的串联电路,图中 E_1 和 E_2 是电池的电动势。直流电源串联后的总电压等于各直流电源电压之和,即总电压 $E = E_1 + E_2$。若多节电池串联,其总电压 $E = E_1 + E_2 + \cdots + E_n$。

对于直流电源串联电路,需要说明以下几点。

① 直流电源串联时,直流电源是有极性

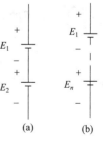

图 1-79　直流电源的串联电路

的，正确的连接方式是一个直流电源的正极与另一个直流电源的负极相连。若接错，则不仅没有正常的直流电压输出，还会造成电源短路，这是非常危险的。

② 直流电源串联可提高直流工作电压。

③ 即使两个直流电源的直流工作电压大小不同，也可进行串联。

（2）直流电源并联电路

图 1-80 所示电路是直流电源的并联电路。电路中 E_1 和 E_2 是电池的电动势，这两个电动势的大小必须相等才可并联起来。直流电源并联后的总电压等于某一个直流电源的电压。

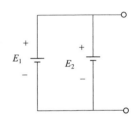

图 1-80　直流电源的
并联电路

直流电源的并联电路应用较少，当电池的容量不足不能满足电路需要时，可采用电池并联供电电路。

对于直流电源并联电路，需要说明以下几点。

① 直流电源并联时，需要注意两节电池的极性，正极互相连接起来，负极也互相连接起来。

② 直流电源并联电路提供的工作电压和某一个直流电源的工作电压相同，但可以增加直流电源的输出电流。

③ 不同直流电压大小的直流电源不能并联，这在实际应用中需要特别注意。

1.6.2 电源的两种模型

一个电源可以用两种不同的电路模型来表示。一种是用理想电压源与内阻串联的电路模型来表示，称为电源的电压源模型；另一种是用理想电流源与电阻并联的电路模型来表示，称为电源的电流源模型。

（1）电压源模型

任何一个电源，如发动机、电池或各种信号源，都含有电动势 E 和内阻 R_0。在分析与计算时，往往把它们分开，组成的电路模型如图 1-81 所示，此即电压源模型，简称电压源。图中，U 是电源端电压，R_L 是负载电阻，I 是负载电流。

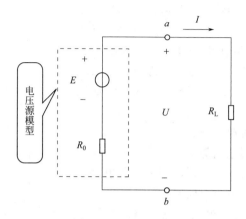

图 1-81 电压源电路

根据图 1-81 所示的电路，可得出

$$U = E - R_0 I$$

由此可得出电压源的外特性曲线，如图 1-82 所示。当电压源开路时，$I = 0$，$U = U_0 = E$；当电压源短路时，$U = 0$，$I = I_S = E/R_0$。内阻 R_0 愈小，则直线愈平。

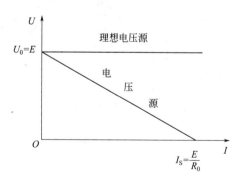

图 1-82 电压源和理想电压源的外特性曲线

当内阻 R_0 等于零时，电压 U 恒等于电动势 E，这样的电压源称为理想电压源（或称恒压源）。它的外特性曲线是与横轴平行的一条直线，如图 1-82 所示。

理想电压源是理想的电源。如果一个电源的内阻远小于负载电阻，即 R_0 远小于 R_L，则可以认为是理想电压源。通常用的稳压电源可认为是一个理想电压源。

理想电压源的符号和电路模型如图 1-83 所示。

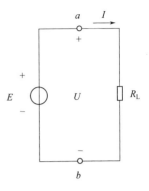

图 1-83　理想电压源电路

（2）电流源模型

电源除用电动势 E 和内阻 R_0 串联的电路模型来表示外，还可用另一种电路模型来表示，即电流源模型。

图 1-84 所示电路为电流源的电路模型，简称电流源。两条支路并联，其中电流分别为 I_S 和 U/R_0。对负载 R_L 来讲，其上电压 U 和通过的电流 I 未有改变。

按图 1-84 可得出电流源的外特性曲线方程为

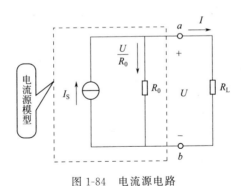

图 1-84　电流源电路

$$I = I_S - \frac{U}{R_0}$$

电流源的外特性曲线如图 1-85 所示。

当电流源开路时，$I = 0$，$U = U_0 = R_0 I_S$；当短路时，$U = 0$，

$I = I_S$。内阻 R_0 愈大，则直线愈陡。

当 $R_0 = \infty$（相当于并联支路 R_0 断开）时，电流 I 恒等于电流 I_S，是一定值，这样的电源称为理想电流源（或恒流源），其符号及电路模型如图 1-86 所示。

理想电流源也是理想的电源。如果一个电源的内阻远大于负载电阻，即 R_0 远大于 R_L，则 $I \approx I_S$，基本上恒定，可以认为是理想电流源。三极管也可近似地认为是一个理想电流源。

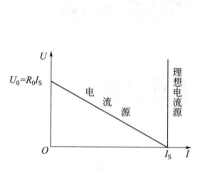

图 1-85　电流源和理想
电流源的外特性曲线

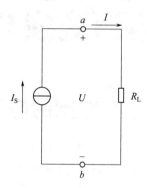

图 1-86　理想电流源电路

第2章 Chapter 2 ?

电源变换与控制技术

2.1 常用的电源变换系统

在现代电源应用中，电力电子技术起到承上启下的作用。发电厂生产出来的电能通常是通过高压传输的，因此需要经过变电所将其变换成标准的交流电压。由于不同负载对电源的要求不同，很多负载要求的电源都需要加以变换才能应用，因此电力变换技术在实际电力应用中起到重要作用。在实际电力变换过程中，需要用电力电子器件构成电源变换电路来实现不同电源直接的转换。

在信息时代，各行各业都在迅猛发展，它们在发展的同时对电源变换技术提出了更多更高的要求，如节约能源、提高效率、减小体积、减轻重量、防止污染、改善环境、运行可靠、使用安全等。当前在电源变换技术领域，占主导地位的有各种线性稳压电源、AC-DC 开关电源、DC-DC 开关电源、交流变频调速电源、电解电镀电源、高频逆变式直流焊接电源、中高频感应加热电源、大功率高频高压直流稳压电源、绿色照明电源、不间断电源（UPS）、风光互补型电源等。

电源变换系统的结构根据供电电源和用电设备的不同可分为以下几种类型。

① AC-DC 变换系统：这种系统的供电电源是交流电源，用电

设备是直流电。此系统目前主要采用常规的二极管整流或晶闸管可控整流技术。近年来研究的高频 PWM 整流电路可提高功率因数，但输出直流电压高于交流电压的峰值近两倍，而且控制复杂，给实际应用带来了一定困难。二极管整流加功率因数校正电路，同样可提高功率因数，也有输出直流电压高的问题。单相小功率电路得到了实际应用，三相大功率电路还处于应用研究阶段。

② DC-DC 变换系统：这种系统的供电电源是固定电压的直流电源，用电设备要求电压可变，或者另一种电压等级。这种供电电源一般是蓄电池，变换电路根据用电设备的要求采用降压型或升压型 DC-DC 变换电路。降压型可采用 Buck 直流斩波电路，升压型可采用 Boost 直流斩波电路，也可采用软开关 DC-DC 变换电路。

③ DC-AC 变换系统：这种系统的供电电源是固定电压的直流电源，用电设备是交流电。这种供电电源一般是蓄电池，用电设备是工频交流电，一般用于不间断电源中。DC-AC 变换一般采用全桥逆变电路，正弦波脉宽调制，输出加 LC 滤波电路，在负载上得到正弦电压。

④ AC-DC-AC 变换系统：这种系统的供电电源是交流电源，用电设备是某一频率范围的交流电。这种变换系统供电电源是电网，AC-DC 变换主要采用常规的二极管整流电路，DC-AC 变换一般采用全桥逆变电路，功率调节在逆变电路中实现，主要有脉宽调制方式、移相脉宽调制方式、负载谐振调频调功等，并将软开关技术应用到逆变过程中。

⑤ DC-AC-DC 变换系统：这种系统的供电电源是固定电压的直流电源，用电设备要求电压可变，或者另一种电压等级。这种系统和 DC-DC 变换的主要区别是通过插入 AC 环节，加入高频变压器隔离，使输入与输出之间有更大的电压变化范围，并使输入和输出电压之间完全隔离。这种变换电路有半桥式、全桥移相变换式、正激式、反激式、推挽式等。

此外，还有复杂的 AC-DC-AC-DC 变换系统、AC-DC-DC-AC 变换系统。

2.2 AC-DC 变换电路

将交流电变换成直流电的过程称为 AC-DC 变换或整流。传统的整流电路是利用二极管或晶闸管的单向导电性，将交流电变换成直流电的电路，是电力电子技术最早推广应用的电路类型。实现整流的电力半导体器件，连同辅助元器件及控制系统称之为整流器或 AC-DC 变换器。

2.2.1 二极管整流器——不可控整流

由于二极管是不可控器件，因此直流电路的输出电压也不可控制，其大小取决于输入电压和电路形式，主要为需求固定直流电压的负载供电。二极管直流的主要形式如表 2-1 所示。

表 2-1 常用二极管整流器的主要形式

名称	输出电压型	输出电流型
单相半波		
单相全波		
单相桥式		

名称	输出电压型	输出电流型
三相半波		
三相桥式		

根据负载性质的不同，输出端采用的滤波电路也不尽相同。要求电流稳定的负载一般只加电感滤波；要求电压稳定的负载，一般只加电容滤波；既要电压稳定又要电流稳定的负载需要加 LC 滤波器。另外，加电感滤波还可以提高交流电源的功率因数，减小谐波。

2.2.2 晶闸管整流器——可控整流

由于晶闸管是半控型器件，通过控制门极的触发角，就可控制晶闸管的导通时刻，达到控制（移相调节）输出直流电压的目的。同时将输入的交流电源变换成可控的直流电源，提供给要求电压连续变化的负载。

晶闸管整流器的拓扑与二极管整流器基本类似，只要将二极管整流器件用晶闸管代替，保留原电路二极管续流器件即可。常用晶闸管整流器的主要形式如表 2-2 所示。但由于晶闸管的可控性，完整的晶闸管整流器还需要移相触发电路、控制电路、检测和保护电路。相比二极管整流器具有更多的选择性和复杂性。

表 2-2　常用晶闸管整流器的主要形式

名称	输出电压型	输出电流型
单相半波		
单相全波		
单相桥式半控		
单相桥式全控		
三相半波		
三相桥式半控		
三相桥式全控		

2.2.3 PWM 整流器——斩波整流

随着电力电子设备的大量应用，谐波、低功率因数对公共电网的危害日益严重，为改善电网质量、提高电能利用率，一种新型的脉宽调制（PWM）型高频开关模式整流器（SMR）于 20 世纪 90 年代投入了实际应用。在自关断器件出现并成熟后，PWM 控制技术就得到了很快的发展，PWM 型逆变电路获得了广泛的应用。

PWM-SMR 整流器一般采用全控型电力电子开关器件（电力 MOSFET、IGBT），用高频脉宽调制（PWM）方波驱动其导通或关断。PWM 整流器的类型众多，根据电路拓扑结构和外特性，PWM 整流器可分为电压型（升压型或 Boost 型）和电流型（降压型或 Buck 型）。升压型整流器输出一般呈电压源特性，其特点是输出的直流电压高于交流输入电源的峰值电压。电流型或降压型整流器输出的直流电压总是低于交流输入电源的峰值电压，降压型整流器输出一般呈电流特性。

图 2-1 和图 2-2 分别是单相半桥和单相全桥（电压型 PWM）整流器，图 2-3 所示的是三相电压型 PWM 整流器。除必须具有网

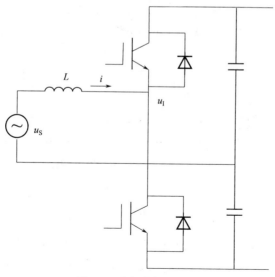

图 2-1　单相半桥整流器

侧电感 L 外，PWM 整流器主电路拓扑结构和逆变器是一样的。稳态工作时，整流器输出直流电压不变，开关管按正弦规律作脉宽调制，整流器交流侧（网侧）的输入电压从直流侧观察与逆变器工作原理相同，可看作 DC-AC 逆变工作。由于电感具有滤波作用，忽略整流器交流侧输出交流电压的谐波，变换器可看作是三相平衡的可控正弦波电压源。它与电网的正弦电压 u_S 共同作用于电感 L，产生正弦输入电流（i_a、i_b、i_c）。适当控制整流器交流端电压 u_i 的幅值和相位，就可以获得所需大小和相位的输入电流 i。

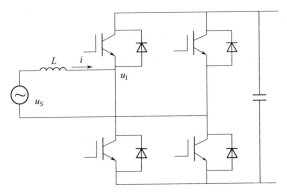

图 2-2　单相全桥整流器

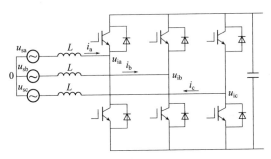

图 2-3　三相电压型 PWM 整流器

　　图 2-4 所示为三相电流型（降压型）PWM 整流器，由于网侧电感 L 很大，电流型整流器一般不用于单相。从交流侧看，电流型整流器可以看成是一个可控电流源。与电压型相比，电流型整流

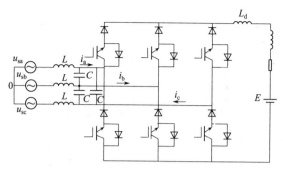

图 2-4　三相电流型（降压型）PWM 整流器

器有其独特的优点：首先，由于输出电感的存在，它没有桥臂直通和输出电路现象；其次，开关器件直接对直流电流作脉宽调制，所以其输入电流控制简单，理论上即使是电流开环也能得到比较好的输入电流波形和快速的电流响应。但是，电流型整流器通常要经 LC 滤波器后，再与电网连接，且由于直流侧的平波电感和交流侧 LC 滤波器的存在，电源的体积和重量显著增大。

2.3 DC-AC 变换电路

将直流电变换为交流电的过程称为逆变换或 DC-AC 变换，实现逆变的主电路称为 DC-AC 变换电路。通常将 DC-AC 变换电路、控制电路、驱动及保护电路组成的 DC-AC 逆变电源称为逆变器。

2.3.1 DC-AC 逆变器的分类

表 2-3 所示为 DC-AC 逆变器的分类。

表 2-3　DC-AC 逆变器的分类

分　类	电路特点
电压型 逆变器	电压型逆变器直流输入串接大电容储能元件，逆变桥输出到负载的电压为方波，其幅值为电容电压。逆变桥的输出电流的大小和相位由负载决定，电流波形取决于负载的性质。电阻性负载的电流波形和电压波形一样是方波，电阻电感负载的电流波形根据阻抗角的大小在方波和三角波之间，纯电感负载的电流波形是三角波

分　类	电路特点
电流型逆变器	电流型逆变器直流输入串接大电感储能元件，逆变器由电感稳流提供恒电流，逆变桥输出到负载的电流为方波，其幅值为电感电流。逆变桥输出的电压值由负载决定，电压波形取决于负载的性质。电阻性负载的电压波形和电流波形一致（方波），电阻电感负载的电压波形根据阻抗角的大小在方波和三角波之间，纯电感负载的电压波形是三角波
单相半桥逆变器	单相半桥逆变器有两个桥臂，其中一个桥臂由开关器件和反并联二极管构成，另一个桥臂由两个参数相同的大容量电容器串接而成，负载接于两个桥臂的中点。单相半桥逆变器只能组成电压型逆变器，负载两端的电压幅值是外加电源电压的 1/2，因此负载上的最大功率只有全桥逆变器的 1/4
单相全桥逆变器	单相全桥逆变器有两个桥臂，每个桥臂由开关器件和反并联二极管构成，负载接在两个桥臂的中点。单相全桥逆变器既可组成电压型逆变器，又可组成电流型逆变器。需要特别注意的是，组成电流型逆变器时，开关管上不能加反并联二极管。如果开关器件本身带有反并联二极管，则必须在每个开关管上串接二极管，以防止桥臂在换流时引起内部环流
三相桥式逆变器	在三相逆变电路中，应用最广泛的是三相桥式逆变器，常用 180°换流导电型。每个开关管的导通角为 180°。为防止同一桥臂上下两个开关管同时导通造成电源短路，同桥臂上的两个开关管要先后开，并留有安全余量

2.3.2 常用的 DC-AC 逆变器主电路

　　表 2-4 列出了 4 种常用的 DC-AC 逆变器主电路的基本类型。

表 2-4　常用 DC-AC 逆变器主电路的基本类型

名　称	电路形式	电路特点
电压型单相半桥逆变器		① 直流母线电容滤波，直流电压 U_d 经电容 C_1、C_2 分压，VT_1、VT_2 交替导通/关断 ② 负载上的电压幅值为 U_d 的 1/2，功率为全桥逆变器的 1/4 ③ 开关管 VT_1、VT_2 上承受的最大电压为 U_d ④控制方式主要是 PWM 脉宽调制、移相控制等方式

名　称	电路形式	电路特点
电压型单相全桥逆变器	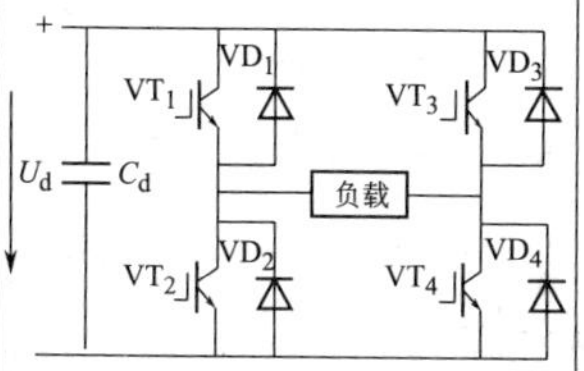	① 直流母线采用电容 C_d 滤波，VT_1、VT_4 和 VT_2、VT_3 交替导通/关断 ② 加在负载上的电压幅值为 U_d，输出功率为半桥逆变器的 4 倍 ③ 开关管 $VT_1 \sim VT_4$ 上承受的最大电压为 U_d ④ 主要采用单极、双极式 PWM 脉宽调制控制，移相控制，调频控制等方式
电流型单相全桥逆变器	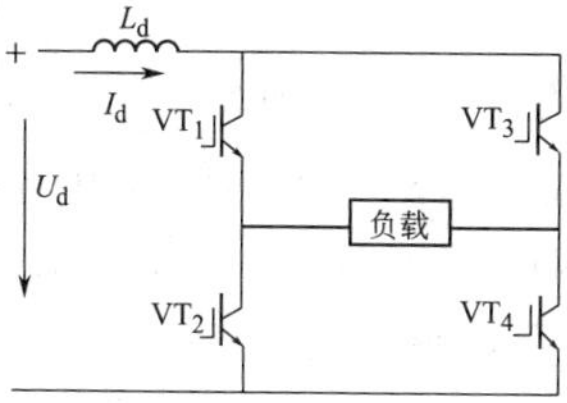	① 直流母线采用电感 L_d 滤波，VT_1、VT_4 和 VT_2、VT_3 交替导通/关断 ② 负载上的电流波形为方波，幅值为 I_d ③ 开关管 $VT_1 \sim VT_4$ 上承受的电压为负载上的电压。负载上的电压幅值和相位取决于负载阻抗的大小和性质
电压型三相桥式逆变器	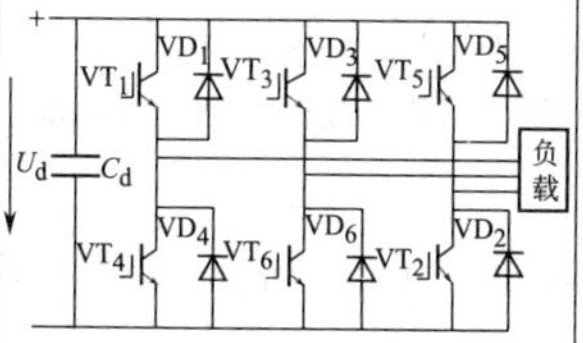	① 直流母线采用电容 C_d 滤波，负载上的电压幅值为 U_d，开关管 $VT_1 \sim VT_6$ 上承受的最大电压为 U_d ② 控制方式主要采用 PWM 脉宽调制、移相控制、调频控制等，换流方式有 120° 和 180° 两种 ③ 适合 4kW 以上的三相负载

2.4 DC-DC 变换电路

DC-DC 变换器按输入输出间是否有电气隔离分为两类：不隔离型直流变换器和隔离型直流变换器。

2.4.1 不隔离型 DC-DC 变换器

不隔离型直流变换器主要有降压型、升压型和升降压型三种基本电路，分别如图 2-5（a）～（c）所示。为简单起见，分析电路的工作原理时，均假定开关为理想开关，电路中各元件的内阻忽略不计。另外，输入电压为 U_I，输出电压为 U_O，电感电容的值足够大，流经电感的电流与电容两端电压的纹波非常小。

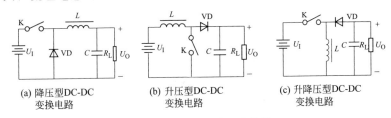

(a) 降压型DC-DC 变换电路

(b) 升压型DC-DC 变换电路

(c) 升降压型DC-DC 变换电路

图 2-5　不隔离型直流变换器

（1）降压型变换器

降压型 DC-DC 变换器如图 2-5（a）所示。开关导通时，加在电感 L 两端的电压为 (U_I-U_O)，这期间电感 L 由电压 (U_I-U_O) 励磁，磁通增加量为 $\Delta\Phi_{on}=(U_I-U_O)t_{on}$；开关断开时，由于电感电流连续，二极管为导通状态，输出电压 U_O 以与开关导通时相反的方向加到电感 L 上，在这期间，电感 L 消磁，磁通减少量为 $\Delta\Phi_{off}=U_Ot_{off}$；稳定状态时，电感 L 中磁通的增加量与减少量相等，则降压型变换电路的电压变比 $M=D$。由于占空比 D 小于1，因此，输出电压总低于输入电压，即为降压型变换器。

（2）升压型变换器

升压型 DC-DC 变换器如图 2-5（b）所示。开关导通时，输入电压 U_i 加在电感 L 上，电感 L 由输入电压 U_I 励磁，导通期间，磁通量的增加量为 $\Delta\Phi_{on}=U_It_{on}$；开关断开时，由于电感电流连续，二极管变为导通状态，电压 (U_O-U_I) 以与开关导通时相反的方向加到电感 L 上，电感 L 消磁，开关断开期间磁通减少量为 $\Delta\Phi_{off}=(U_O-U_I)t_{off}$；稳定状态时，电感 L 的磁通增加量与减少量相等，则升压型变换器的电压变比为 $M=1/(1-D)$。由于 $(1-D)<1$，因此输出电压总高于输入电压，即为升压型变换器。

（3）升降压型变换器

升降压型 DC-DC 变换器如图 2-5（c）所示。开关导通时，输入电压 U_I 加在电感 L 上，电感 L 励磁，导通期间，电感的磁通增

加量为 $\Delta\Phi_{on} = U_1 t_{on}$；开关断开时，由于电感电流连续，二极管变为导通状态，输出电压 U_O 以与开关导通时相反的方向加到电感 L 上，电感 L 消磁，磁通减少量为 $\Delta\Phi_{off} = U_O t_{off}$；稳定状态时，电感 L 的磁通增加量与减少量相等，则升降压型变换器的电压变比为 $M = D/(1-D)$。这种变换器的输出电压可以高于或低于输入电压，而且 M 可以任意设定，所以称为升降压型变换器。

对于 PWM 型变换器而言，控制开关的占空比 D 就可改变输出电压的大小。对于这类变换器，也可从能量蓄积与释放的观点说明其基本工作原理。电感励磁就是蓄积能量，电感消磁就是释放能量。因此，对于这类变换器，开关导通时，来自输入电源的能量蓄积在电感 L 上；开关断开时，蓄积在电感 L 中的能量释放供给负载。它们是改变开关占空比来控制能量的蓄积与释放，获得直流输出的一种方式，所以也称为储能型。电感就是储能元件。

2.4.2 隔离型 DC-DC 变换器

（1）单端正励式变换电路

正励式开关电源的核心是正励式 DC-DC 变换器，其基本电路如图 2-6 所示。其工作过程如下：当开关管 V_1 导通时，输入电压 U_1 全部加到变换器的初级线圈 W'_1 两端，去磁线圈 W''_1 上产生的感应电压则使二极管 VD_1 截止，而次级线圈 W_2 上感应的电压使 VD_2 导通，并将输入电流的能量传送给电感 L_O、电容 C 和负载

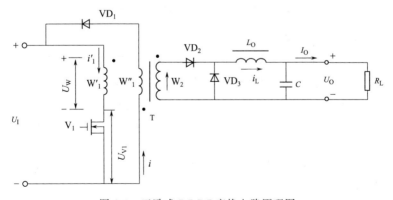

图 2-6　正励式 DC-DC 变换电路原理图

R_L；与此同时，在变压器 T 中建立起磁化电流，当 V_1 截止时，VD_2 截止，L_0 上的电压极性反转并通过续流二极管 VD_3 继续向负载供电，变压器中的磁化电流则通过 W''_1、VD_1 向输入电源释放而去磁。W''_1 具有钳位作用，其上的电压等于输入电压 U_1，在 V_1 再次导通之前，变压器 T 中的去磁化电流必须释放到零，否则，变压器 T 将发生饱和，导致 V_1 损坏。通常 W'_1 与 W''_1 圈数相同，采用双线并绕耦合方式。V_1 的导通时间应小于截止时间，即占空比小于 0.5，否则变压器 T 将饱和。

当需要较大的功率输出时，开关电源的功率变换电路可采用电压叠加式的双正励变换电路，其工作原理如图 2-7 所示。

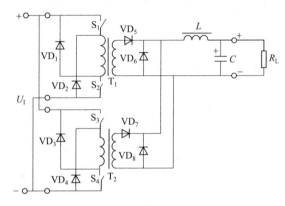

图 2-7　双正励变换电路原理图

电路特点如下。

① 两个正励式变换电路并联，T_1 和 T_2 反相 $180°$ 驱动，功率增大一倍，输出频率增大一倍，纹波及动态响应改善。

② S_1、S_2 串联，S_3、S_4 串联，开关管耐压减半。

③ 取消了反馈线圈，二极管 VD_1、VD_2、VD_3 和 VD_4 均为馈能路径，降低了变压器 T_1 和 T_2 的制作工艺要求。

④ 具有死区限制特性，两部分电路不存在共态导通问题，可靠性高。

（2）单端反励式变换电路

单端反励式功率变换电路如图 2-8 所示。其主要组成为晶体管 VT、变压器 T、整流二极管 VD、滤波电容器 C 和负载电阻 R_L。变压器 T 的初级线圈和次级线圈的极性如图中所示，晶体管 VT 导通时，整流管 VD 截止，所以称为反励式功率变换电路。

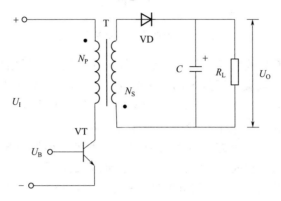

图 2-8　单端反励式功率变换电路

单端反励式变换电路中变压器的磁通也只在单方向变化，开关管导通时电源将能量转换为磁能存储在电压器的电感中；当开关管断开时再将磁能转变为电能传送给负载。变压器的一次绕组和二次绕组要求紧密耦合，变压器耦合通常采用普通导磁材料时必须加气隙，以保证在最大负载电流时铁芯不饱和，因为变压器通过的电流含有直流成分。

单端反励式变换电路有电流连续模式（CCM）和电流断续模式（DCM）两种工作方式。在单端反励式变换电路中，变压器是耦合电感，对于一次绕组的自感，当开关管 VT 阻断时电流必然为零，因此它的电流不可能连续，但这时在二次绕组的自感上必引起电流。故对单端反励式变换电路来说，电流连续是指变压器两个绕组的合成安匝在一个开关周期内不为零。而电流断续是指变压器两个绕组的合成安匝在一个开关周期内有一段时间为零。

（3）推挽式变换电路

推挽式功率变换电路如图 2-9 所示。开关管 VT_1、VT_2 由驱动电路控制其基极，以 PWM 方式激励而交替通断，输入直流电压被

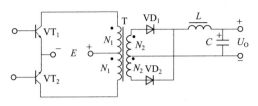

图 2-9　推挽式功率变换电路

变换成高频方波交流电压。当 VT_1 导通时，输入电源电压 E 通过 VT_1 施加到高频变压器 T 的一次绕组 N_1，由于变压器具有两个匝数相等的主绕组 N_1，故在 VT_1 导通时，在截止晶体管 VT_2 上施加 2 倍电源电压（$2E$）。当基极励磁消失时，一对高压开关管均截止，它们的集电极施加电压均为 E。当下半个周期到来时，VT_2 被激励导通，在截止晶体管 VT_1 上施加 $2E$ 的电压，接着又是两个晶体管都截止，它们的集电极 U_{CE1} 和 U_{CE2} 电压均为 E。下一个周期重复上述过程。

在晶体管导通过程中，集电极电流除负载电流成分外，还包含输出电容器的充电电流和高频变压器的励磁电流，它们均随导通脉冲宽度的增加而线性上升。这便是高压开关管稳态运行时集电极电压和电流的基本规律。

在开关管的暂态过程中，由于高频变压器的副边开关整流二极管反向恢复时间内所造成的短路以及为了抑制集电极电压尖峰而设置的 LC 吸收网络的作用，当高压开关管开通时，将会有尖峰冲击电流；在开关管断开瞬间，由于高频变压器漏感储能的作用，在集-射极间会产生电压尖峰，如图 2-10 所示。尖峰电压的大小随集电极短路的配置、高频变压器的漏感及电路关断条件的不同而异，该尖峰电压有可能使高压开关管承受 2 倍以上的输入电压。

（4）全桥式变换电路

全桥式功率变换电路如图 2-11 所示，它由四个功率开关器件 $V_1 \sim V_4$ 组成，变压器 T 连接在四桥臂中间，相对的两个功率开关器件 V_1、V_4 和 V_2、V_3 分别交替导通或截止，使变压器 T 的次级有功率输出。当 V_1、V_4 导通时，V_2、V_3 则截止，这时 V_2 和 V_3

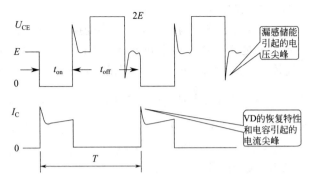

图 2-10 推挽式功率变换电路中的电压、电流尖峰波形

两端承受的电压为输入电压 U_1，在功率开关器件关断过程中产生的尖峰电压被二极管 $VD_1 \sim VD_4$ 钳位于输入电压 U_1。从图中可以看出，开关管最大耐压值为输入电压值。

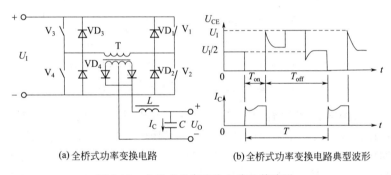

(a)全桥式功率变换电路   (b)全桥式功率变换电路典型波形

图 2-11 全桥式功率变换电路及其波形

全桥式功率变换电路具有以下特点。

① 全桥式功率变换电路中，一般选用的功率开关器件的耐压只要大于 U_{1max} 即可，与推挽式功率变换电路所用的功率开关器件相比需承受的电压要低 1/2。

② 电路中采用的四个二极管 $VD_1 \sim VD_4$ 具有钳位作用，有利于提高电源效率。

③ 电路中使用了四个功率开关器件，其四组驱动电路需隔离。

（5）半桥式变换电路

半桥式功率变换电路结构与全桥式功率变换电路结构类似，如图 2-12 所示。只是其中两个功率开关器件用两个容量相等的电容 C_1 和 C_2 代替了。C_1 和 C_2 的主要作用是实现静态分压，使 $U_a = \frac{1}{2}U_1$。当 V_1 导通、V_2 截止时，输入电流向 C_2 充电；当 V_1 截止、V_2 导通时，输入电流向 C_1 充电。当 V_1 导通、V_2 截止时，承受的电压为输入电压 U_1，在同等输出功率条件下，功率开关器件 V_1 和 V_2 所通过的电流则为全桥式的 2 倍。

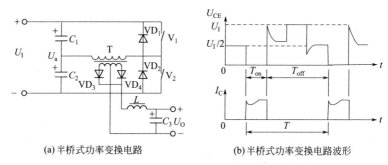

(a) 半桥式功率变换电路　　　　(b) 半桥式功率变换电路波形

图 2-12　半桥式功率变换电路及其波形

从图 2-12 可以看出，V_1、V_2 承受的最大电压均为 U_1。对于高压输入、大功率输出的情况，一般采用图 2-13 所示的电路形式。图中，V_1、V_2 为一组，V_3、V_4 为一组，双双串联，可减少单管耐压值。在实际应用电路中，开关器件 V_1、V_2、V_3、V_4 可采用双管或多管并联，以解决大电流输出问题。共用变压器可提高变压器的利用率，并具有抗不平衡能力。

在图 2-13 中，V_1、V_2 或 V_3、V_4 每个开关管的最大耐压值仅为 U_{C1} 和 U_{C2}。电路中，若选定 $C_1 = C_2$，则 $U_{C1} = U_{C2} = \frac{U_1}{2}$，因此可以选择低耐压的开关管。另外，$V_1$、$V_2$、$V_3$、$V_4$ 可采用多管并联方式，以解决大电流输出问题。变压器 T 可以工作在正反方向，大大提高变压器的效率。

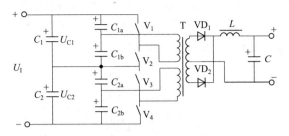

图 2-13　半桥式功率变换电路应用电路

常用的低压 DC-DC 变换电路

DC-DC 变换电路实际上也是稳压电路的范畴，与三端可调稳压集成电路相比，DC-DC 变换电路具有如下特点：电路工作于开关状态，降低了输出管的功耗，同时提高了电源的利用率；输出低压方式、变换灵活（可以升压变换、降压变换、电压输出极性变换等）。基于以上优势，DC-DC 变换电路广泛应用于移动电子设备或节电要求高、主要以电池供电的仪器设备中，如手机、笔记本电脑等数码产品野外电子仪器等。下面主要介绍几种 DC-DC 变换集成电路的应用电路。

（1）DC-DC 变换 IC M5291P/FP

M5291 是采用 8 脚封装的直流-直流变换（DC-DC）电路，内部包括 1.17V 基准电压源、比较器、振荡器、RS 触发器、开关管等电路。输入电压范围为 2.5～40V，输出电压范围为 1.17～40V，输出电流为 200mA，工作频率范围为 100Hz～100kHz。

M5291 不仅可以作升压、降压变换，还可以作负压变换。

图 2-14 所示电路是由 M5291 构成的直流升压稳压电路的应用实例。图中，⑤脚为可调节输入端，①、②脚为内部开关管的 C、E 极，⑦脚为电流检测端，当输入电流大于⑦脚设定值时，电路停止工作而自动保护。③脚外接定时电容，决定振荡频率，接入 820pF 的电容时，振荡频率约为 50kHz，内部开关管则以 50kHz 的频率导通、截止；饱和导通时，外接三极管 VT 也饱和导通，+5V 电源经 R、L、VT 到地，由于 L 中的电流不能突变，电源电

能储存于 L 中，VT 很快又截止，L 中储存的电能经 VD、负载、地、+5V、R 形成回路而释放。如此循环往复，形成的 PWM 信号经 VD 整流、C_2 滤波后形成直流电压。

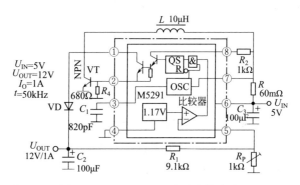

图 2-14　+5V-+12V 直流变换电路

R_P、R_1 为取样反馈电阻，调节 R_P 使输出电压达到要求值，输出电压的大小由 $U_{OUT} = 1.17 (1 + R_1/R_P)$ 决定。R 设置最大峰值电流，当电路工作的最大电流超过该设定值时，电路停止工作而起到保护作用。峰值电流的设定由下式决定：$I_P = 0.33/R$。⑧脚外接电阻为内部驱动管集电极的负载电阻。

图 2-15 所示电路是由 M5291 构成的直流降压稳压电路的应用实例，该电路除 VT 改用 PNP 管以外，其余部分与图 2-14 电路的原理、结构基本相同，此处不再重述。

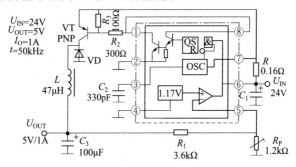

图 2-15　+24V-+5V 直流变换电路

图 2-16 所示电路是由 M5291 构成的直流电压极性变换、稳压的应用实例。

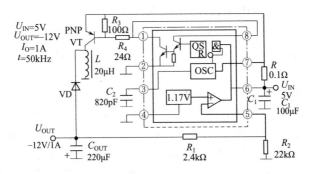

图 2-16　+5V--12V 直流变换电路

（2）超低压输入 DC-DC 变换器 MAX1642/1643

当输入电压低于 2V 时，要得到较高的电压输出，利用 MAX1642/1643 等集成电路可以很好地解决这个问题。

MAX1642/1643 是高效、超低输入升压型 DC-DC 变换集成电路，最低输入电压为 0.88V，预置输出电压为 3.3V，可调节输出为 2～5.2V，输出电流为 20mA（1.2V 输入时）。MAX1642/1643 还集成了电池失效检测输入及失效报警输出功能。如图 2-17 所示，该电路可以把输入低至 0.88V 的电压转换为 2～5.2V 输出。

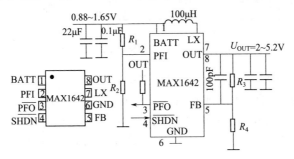

图 2-17　超低压输入 DC-DC 变换器

5 脚为反馈输入（相当于可调节输入），接地时，输出固定的 3.3V，接入 R_3、R_4 时，为可调节输出，R_3、R_4 与输出电压之间的关系是：$R_3 = R_4$ $(U_{OUT}/1.23-1)$，$R_4 = 100\text{k}\Omega \sim 1\text{M}\Omega$。调节 R_3 的阻值即可调节输出电压的大小。2 脚为电池失效检测输入端，R_1、R_2 设定电池电压失效时发出报警信号的门限值，当电池电压低于该设定数值时，3 脚输出低电平作为报警信号，R_1、R_2 之间的关系是：$R_1 = R_2$ $(U_{TH}/0.614-1)$，$R_2 = 100\text{k}\Omega \sim 1\text{M}\Omega$，$U_{TH}$ 为门限电压。

（3）输出电压范围宽的 DC-DC 变换器

LM2574 系列输出 0.5A 电流，具有优异的线性和负载调节特性。有 3.3V、5.0V、12V、15V 固定输出电压及可调输出。LM2574 功耗非常低，印制电路板上的铜线就可以用于散热；在指定的输入电压和输出负载的范围内，保证±4％公差输出，可调输出电压范围为 1.23～37V（±4％最大），输出电流为 0.5A；宽输入电压范围为 4.75～40V。

应用电路如图 2-18 所示，该电路使用后缀带 HV 的即 LM2574HV 可调 IC，它的输入电压最大可达 60V，输出电压最大达到 55V，输出电压通过 R_2 进行调节。

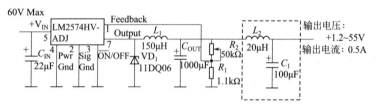

图 2-18　输出电压范围宽的 DC-DC 变换器

（4）LM2577 隔离式 DC-DC 变换器

LM2577 是一种典型的升压型集成开关电源调整器，具有外接元器件少、输入直流电源电压范围宽（3.5～40V）、输出开关电流 3A、内部有固定频率（52kHz）振荡器、电流反馈型工作方式的优点，具有软启动、电流限制、欠压锁定和热关闭保护等功能。可以接成简单升压、隔离和多输出电压的开关电源电路；输出直流电压有 12V、15V 和可调（ADJ）。升压形式的直流开关稳压电源如图 2-19 所示。它的内部有 1.23V 和 2.5V 能隙基准电压单元、

52kHz 固定频率锯齿波振荡器、RS 触发器、晶体管驱动电路和峰值电流可以达到 3A 的晶体管，还包括峰值电流采样电阻、采样电流放大器、采样电压放大器共同组成的电压、电流误差反馈系统，以达到脉冲宽度调制（PWM）工作方式。另外，还有软启动、欠压锁定、过流限制及热关断等单元。图 2-19 所示的左侧端电路只需要外接 8 个元器件。反馈取样 1.6kΩ 与 100Ω 电阻的阻值决定输出端的电压值。

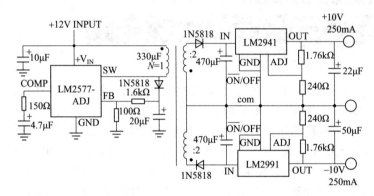

图 2-19   LM2577 隔离式 DC-DC 变换器

第 3 章 Chapter 3 ?

晶体三极管放大器电路

为了能够顺利识图,在掌握电路图形符号的基础上,本章主要介绍基本单元电路的一般分析方法,供读者在分析和识读电路时参考。基本放大电路是模拟电路的核心和基础。放大电路用以放大微弱信号,实现以较小能量对较大能量的控制。在工业电子技术中,应用广泛的是低频放大器,其频率范围在 $20\sim20000\mathrm{Hz}$ 之间。本章主要介绍几种常用的基本放大电路,以便掌握这些电路的特点和图形。

3.1 识读共发射极放大器

由 NPN 型硅管组成的共发射极接法的基本放大电路如图 3-1 所示。由 PNP 型三极管组成的基本放大电路只是电源极性与 NPN 型电路相反,分析的方法则完全相同。

了解电路各元件的作用,包括晶体管 VT、电阻 R_B 和 R_C、电容器 C_1 和 C_2 等,是分析电路的基础。特别是晶体管 VT 的作用,电路输出的信号电压、电路

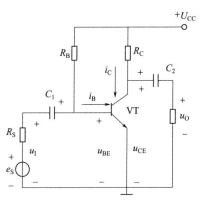

图 3-1 基本放大电路

和功率都远比输入信号的电压、电流和功率要大,这是由晶体管的放大作用产生的。然而能量是不能放大的,实质上是由于晶体管的控制作用,直流电源输出了大的信号电流、电压和功率,且其变化规律完全与输入信号相似,所以晶体管是一个能量控制器。而放大电路研究的主要问题就是既要"放得大",又要"放得像",即失真要小。在电路中的电流 i_B、i_C 和电压 u_{BE}、u_{CE} 中,均含有直流分量和交变信号分量两部分,因此分析电路时要应用分析非正弦周期电流电路的方法,将电路分解为静态(直流)和动态(交变信号)两部分,分别进行研究。

3.1.1 共发射极放大器直流电路分析

静态是当放大电路没有输入信号时的工作状态,静态分析是要确定放大电路的静态值(直流值)I_B、I_C、U_{BE} 和 U_{CE}。

静态值既然是直流,故可以用交流放大电路的直流通路来分析计算。图 3-2 所示为共发射极放大电路的直流通路。图 3-1 中的电容 C_1 和 C_2 可视为开路。

由图 3-2 的直流通路 1,可得出静态时的基极电流

$$I_B = \frac{U_{CC} - U_{BE}}{R_B} \approx \frac{U_{CC}}{R_B}$$

由于 U_{BE}(硅管约为 0.6V)比 U_{CC} 小得多,故可忽略不计。

集电极电流

$$I_C \approx \beta I_B$$

静态时,由图 3-2 的直流通路 2,可得出集-射极电压为

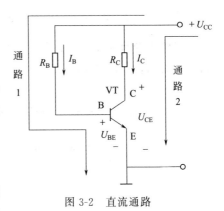

图 3-2 直流通路

$$U_{CE} = U_{CC} - R_C I_C$$

3.1.2 共发射极放大器交流电路分析

在小信号情况下,如果仅对放大电路电压、电流的变化量感兴趣,可以采用小信号模型分析法对放大电路作比较精确的分析。小

信号模型分析法是将放大电路中的晶体管以其小信号模型代替，得到放大电路的微变等效电路进行分析。

图 3-3（a）所示的电路为图 3-1 所示交流放大电路的交流通路。对交流量来讲，电容 C_1 和 C_2 视为短路；同时，一般直流电源的内阻很小，可以忽略不计，对交流来讲直流电源也可以认为对地是短路的。据此可画出交流通路。再把交流通路中的晶体管用它的微变等效电路代替，即可得到放大电路的微变等效电路，如图 3-3（b）所示。

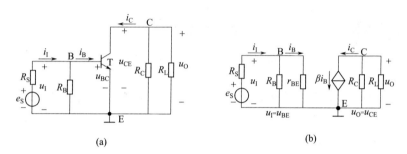

(a)　　　　　　　　　　　　(b)

图 3-3　共发射极放大器的交流通路及其微变等效电路

设输入信号是正弦交流信号，图 3-3（b）中的电压和电流可用相量来表示，如图 3-4 所示。

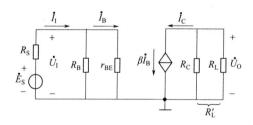

图 3-4　正弦信号输入下的微变等效电路

输入电阻：$r_I = R_B // r_{BE} \approx r_{BE}$ 　　（$r_{BE} \ll R_B$）

输出电阻：$r_O \approx R_C$

电压放大倍数：$A_u = -\beta \dfrac{R'_L}{r_{BE}}$，其中 $R'_L = \dfrac{R_C R_L}{R_C + R_L}$

3.2 识读三极管共集电极放大器

共集电极放大器也称射极输出器，是一种应用很广泛的放大器。电路如图3-5所示，其中 R_B 为偏置电阻，用以调节三极管的静态工作点，R_E 为直流负载电阻，C_1、C_2 为耦合电容。图3-5中，输入信号经 C_1 加在三极管的基极与地之间，输出信号经 C_2 从发射极和地之间输出。因为电源 U_{CC} 对交流信号相当于短路，故集电极成为输入与输出的公共端。

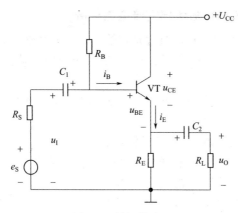

图 3-5   射极输出器

射极输出器电路结构与共发射极放大器不同，主要体现在以下几点。

① 无集电极电阻。三极管 VT 集电极直接与直流电源 U_{CC} 相连，没有共发射极放大器中的集电极负载电阻。

② 输出信号取自三极管 VT 发射极和地之间，而共发射极放大器中的输出取自集电极和地之间。

③ 发射极上不能接有旁路电容，否则发射极输出的交流信号将被发射极旁路到地。

在静态情况下，电容 C_1、C_2 相当于开路，其直流通路如图 3-6 所示。

仿照前述分析共发射极放大电路的方法，可得出

$$I_B = \frac{U_{CC} - U_{BE}}{R_B + (1+\beta)R_E}$$

$$I_C = \beta I_B, \quad I_E = (1+\beta)I_B$$

$$U_{CE} = U_{CC} - I_E R_E$$

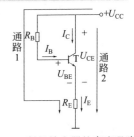

图 3-6　射极输出器的直流通路

这一电路的信号传输过程是：输入信号 u_1（放大的信号）→ 输入端耦合电容 C_1 → VT 基极 → VT 发射极 → 输出端耦合电容 C_2 → 输出信号 u_O。

图 3-7 所示电路是三极管发射极电阻将发射极电流变换成发射极电压变化的示意图。

由图 3-7 可以看出，发射极电压与基极电压同时增大或同时减小，说明发射极电压与基极电压同相，这是共集电极放大器的一个重要特性。

考虑到电容 C_1、C_2 及电源 U_{CC} 对交流信号而言相当于短路，可画出射极输出器的小信号模型，如图 3-8 所示。

（1）电压放大倍数

由图 3-8 所示的射极输出器的微变等效电路可得出

$$\dot{U}_O = R'_L \dot{I}_E = (1+\beta)R'_L \dot{I}_B$$

式中，$R'_L = R_L // R_E$

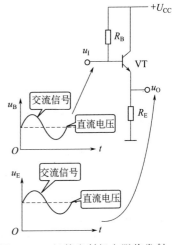

图 3-7　三极管发射极电阻将发射极电流变换成发射极电压变化的示意图

$$\dot{U}_{\mathrm{I}} = r_{\mathrm{BE}}\dot{I}_{\mathrm{B}} + R'_{\mathrm{L}}\dot{I}_{\mathrm{E}}$$

$$= r_{\mathrm{BE}}\dot{I}_{\mathrm{B}} + (1+\beta)R'_{\mathrm{L}}\dot{I}_{\mathrm{B}}$$

$$A_{\mathrm{u}} = \frac{(1+\beta)R'_{\mathrm{L}}}{r_{\mathrm{BE}} + (1+\beta)R'_{\mathrm{L}}}$$

由上式可知以下两点。

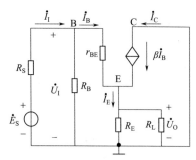

① 电压放大倍数接近于 1，但恒小于 1。这是因为 $r_{\mathrm{BE}} \ll (1+\beta)R'_{\mathrm{L}}$ 的缘故，因此 $\dot{U}_{\mathrm{O}} \approx \dot{U}_{\mathrm{I}}$。

图 3-8　射极输出器的微变等效电路

虽然没有电压放大作用，但仍具有一定的电流放大和功率放大作用，$I_{\mathrm{E}} = (1+\beta)I_{\mathrm{B}}$。

② 输出信号电压相位与输入信号电压相位相同，具有跟随作用。由 $\dot{U}_{\mathrm{O}} \approx \dot{U}_{\mathrm{I}}$ 可知，两者同相，这是射极输出器的跟随作用，故它又称为射极跟随器。

（2）输入电阻

输入电阻 r_{I} 可从图 3-8 所示的微变等效电路中经过计算得出，即

$$r_{\mathrm{I}} = R_{\mathrm{B}} / / [r_{\mathrm{BE}} + (1+\beta)R'_{\mathrm{L}}]$$

利用射极输出器输入阻抗大的特点，在多级放大器系统中第一级放大器常采用射极输出器，这样，输入级放大器的输入阻抗比较大，信号源电路的负载就轻，使多级放大器与信号源电路之间的相互影响比较小。

（3）输出电阻

射极输出器的输出电阻 r_{O} 可由图 3-9 所示的电路求得，将信号源短路，保留其内阻 R_{S}，R_{S} 与 R_{B} 并联后的电阻为 R'_{S}。在输出端将 R_{L} 去掉，加一交流电压 $\dot{U}_{\mathrm{O}}$，产生电流 $\dot{I}_{\mathrm{O}}$，即可求出

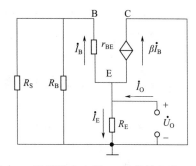

图 3-9　计算输出电阻 r_{O} 的等效电路

$$\dot{I}_\mathrm{O} = \dot{I}_\mathrm{B} + \beta\dot{I}_\mathrm{B} + \dot{I}_\mathrm{E} = \frac{\dot{U}_\mathrm{O}}{r_\mathrm{BE} + R'_\mathrm{s}} + \beta\frac{\dot{U}_\mathrm{O}}{r_\mathrm{BE} + R'_\mathrm{s}} + \frac{\dot{U}_\mathrm{O}}{R_\mathrm{E}}$$

$$r_\mathrm{O} = \frac{\dot{U}_\mathrm{O}}{\dot{I}_\mathrm{O}} = \frac{1}{\dfrac{1 + \beta}{r_\mathrm{BE} + R'_\mathrm{s}} + \dfrac{1}{R_\mathrm{E}}}$$

通常

$$(1 + \beta)R_\mathrm{E} \gg (r_\mathrm{BE} + R'_\mathrm{s}),\ \beta \gg 1$$

故

$$r_\mathrm{O} \approx \frac{r_\mathrm{BE} + R'_\mathrm{s}}{\beta}$$

其中：$R'_\mathrm{s} = R_\mathrm{s} // R_\mathrm{B}$

3.2.3 共集电极放大器的特点

共集电极放大器具有以下特点。

① 有电流放大能力，无电压放大能力。

② 输出电压与输入电压同相。

③ 输入电阻高，索取信号源的电流小，因为输入电阻高，它常被用作多级放大器的输入级。输出电阻低，它的带负载能力较强，所有它也常用作多级放大器的输出级。有时还将射极跟随器接在两级共发射极放大器之间，作为缓冲级，起到阻抗变换的作用。

3.3 识读三极管共基极放大器

共基极放大器的基本结构如图 3-10 所示。共基极放大器的信号从发射极输入，从集电极输出。它的基极交流接地，作为输入回路和输出回路的公共端。

3.3.1 共基极放大器直流电路分析

共基极放大器直流通路如图 3-11（a）所示，可以看出，它的直流通路与分压式偏置共发射极放大器完全一样，R_B1 和 R_B2 分别为上偏电阻和下偏电阻，R_E 为发射极电阻，R_C 为集电极负载电阻。它的静态工作点的求法与分压式偏置共发射极放大器一样。

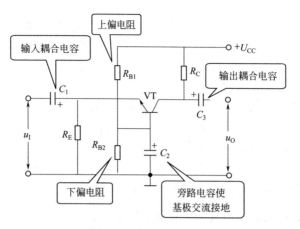

图 3-10　共基极放大器

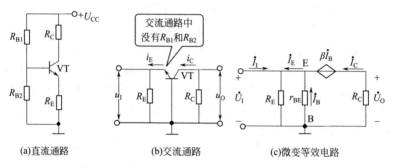

(a)直流通路　　　　(b)交流通路　　　　(c)微变等效电路

图 3-11　共基极放大器的直流通路和交流通路

3.3.2　共基极放大器交流电路分析

从图 3-11（b）所示的交流通路看，因基极接有大电容 C_2（R_{B2} 的旁路电容），故基极相当于交流接地。信号虽然从发射极输入，但事实上仍作用于三极管的 B、E 之间，此时输入信号电流为 i_E。

（1）电压放大倍数的计算

$$A_u = \frac{\overset{.}{U}_O}{\overset{.}{U}_I} = \frac{-\overset{.}{I}_C R_C}{-\overset{.}{I}_B r_{BE}} = \beta \frac{R_C}{r_{BE}} \text{（不接负载 } R_L \text{ 时）}$$

从上式可以看出，共基极放大器的输出电压与输入电压同相。

（2）输入电阻的计算

在共基极接法时，三极管的输入电阻为

$$r_I = R_E // r_{BE} \approx r_{BE}$$

（3）输出电阻的计算

$$r_O \approx R_C$$

共基极放大器的输入电流为 i_E，输出电流为 i_C，因 i_E 和 i_C 非常接近，所以共基极放大器的电流放大倍数 $\beta = \frac{i_C}{i_E} \approx 1$，即没有电流放大能力。

3.3.3 共基极放大器的特点

共基极放大器有它自己的特性，与另两种放大器不同。

① 具有电压放大能力。共基极放大器具有电压放大能力，其电压放大倍数远大于1。输入信号电压加在基极与发射极之间，只要有很小的输入信号电压，就会引起基极电流的变化，从而引起集电极电流的变化，并通过集电极负载电阻 R_C 转换成集电极电压的变化，因 R_C 阻值较大，所以输出信号远大于输入信号，即共基极放大器具有电压放大能力。

② 无电流放大能力。共基极放大器没有电流放大能力，其电流放大倍数小于1而接近于1。这一特性可以这样理解：输入信号电流是三极管的发射极电流，而输出电流是集电极电流，由三极管的各电极电流特性可知，集电极电流小于发射极电流，因此这种放大器的输出电流小于输入电流，所以没有电流放大能力。

③ 输出信号电压与输入信号电压相位相同。这一特性可以这样理解：当三极管发射极输入信号电压增大时三极管发射极电压也增大，由于采用 NPN 型三极管，所以发射结正向偏置电压减小，基极电流减小，发射极电流也随之减小，集电极电流也减小。

由于集电极和发射极电流减小，三极管集电极电压增大，说明共基极放大器中的集电极电压和发射极电压同时增大，同理，当三极管发射极电压下降时，其集电极电压也下降。所以，共基极放大器的输出信号与输入信号电压也是同相的。

④ 输出阻抗大是共基极放大器的缺点，其带负载能力也差。

⑤ 输入阻抗小。输入阻抗小，则将从信号源取用较大的电流，从而增加信号源的负担；在多级放大器中，后级放大器的输入电阻就是前级放大器的负载电阻，输入阻抗小，将会降低前级放大器的电压放大倍数，通常希望放大电路的输入电阻高一些。

⑥ 高频特性好。当三极管的工作频率高到一定程度时，三极管的放大能力明显下降。同一个三极管，当接成共基极放大器时，其工作频率比接成其他形式的放大器时要高，所以共基极放大器主要用于高频信号的放大电路中。

3.4 识读多级放大器

① 多级放大器。放大器的输入信号一般都很微弱，而单级放大器的放大能力是有限的，因此在实用放大系统中往往需要多级放大器。两级或两级以上单级放大器通过级间耦合电路连接起来构成多级放大器。

② 级间耦合。两个单级放大器之间的级间连接采用级间耦合电路，它将信号无损耗地从前一级放大器输出端传输到后一级放大器的输入端。

③ 三种耦合方式。多级放大器的耦合方式有阻容耦合、直接耦合和变压器耦合等三种方式，其中阻容耦合放大电路和直接耦合放大电路比较常见。三种耦合方式对照如表3-1所示。

表 3-1　级间耦合三种方式对照

名　称	电　路	特 性 解 说
直接耦合方式	前级放大器 → 后级放大器	① 无耦合元器件 ② 能够耦合直流和交流信号，低频特性好 ③ 直流放大器必须采用这种耦合电路 ④ 前级和后级放大器之间的直流电路相连，电路设计和故障检修难度增加

名　称	电　路	特　性　解　说
阻容耦合方式	前级放大器 —C— 后级放大器	① 只用一个容量足够大的耦合电容，需求耦合电容对信号的容抗接近于零。信号频率高时耦合电容容量可以小，信号频率低时耦合电容容量大 ② 低频特性不很好，不能用于直流放大器中 ③ 前级和后级放大器之间的直流电路被隔离，电路设计和故障检修难度下降
变压器耦合方式	前级放大器 T_1 后级放大器	① 采用变压器耦合，成本较高 ② 能够隔离前、后级放大器之间的直流电路 ③ 低频和高频特性不好

图 3-12 所示电路是两级放大器的结构方框图，多级放大器结构方框图与此类似，只是级数较多。

图 3-12　两级放大器的结构方框图

从图中可以看出，一个两级放大器主要由信号源电路、级间耦合电路、各单级放大器等组成。信号源输出的信号经耦合电路加至第一级放大器中进行放大，放大后的信号经级间耦合电路加至第二级放大器中进一步放大。在多级放大器中，第一级放大器通常称为输入级放大器，最后一级放大器称为输出级放大器。

3.4.1　阻容耦合多级放大器分析

图 3-13 所示的两级放大器中，前、后级之间是通过耦合电容 C_2 及下级输入电阻连接的，故称为阻容耦合。

（1）静态值的计算

由于电容有隔直作用，它可使前、后级的直流工作状态相互之间无影响，故各级放大器的静态工作点可以单独考虑。两级放大电路均为分压式偏置共发射极放大器，静态值的计算可参考前面介绍的共发射极放大器的直流分析方法，这里不再赘述。

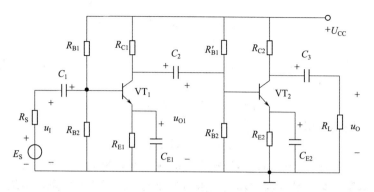

图 3-13　阻容耦合两级放大器

（2）交流通路分析

　　耦合电容对交流信号的容抗必须很小，其交流分压可以忽略不计，以使前级输出信号无损失地传输到后级输入端。

　　仿照单级放大器的交流通路的画法，可画出图 3-13 所示电路的微变等效电路，如图 3-14 所示。

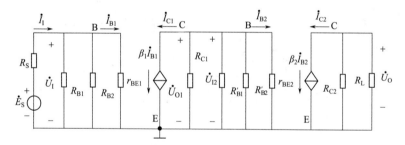

图 3-14　阻容耦合两级放大器的微变等效电路

电压放大倍数 A_u 为

$$A_u = \frac{\dot{U}_O}{\dot{U}_I} = \frac{\dot{U}_{O1}}{\dot{U}_I} \frac{\dot{U}_O}{\dot{U}_{I2}} = A_{u1}A_{u2} \ (\dot{U}_{O1} = \dot{U}_{I2})$$

$$A_{u1} = \frac{\dot{U}_{O1}}{\dot{U}_I} = -\beta_1 \frac{R'_{L1}}{r_{BE1}}$$

$$A_{u2} = \frac{\dot{U}_O}{\dot{U}_{I2}} = -\beta_2 \frac{R'_{L2}}{r_{BE2}}$$

其中 $R'_{L1} = R_{C1} // r_{I2}$ $r_{I2} = R'_{B1} // R'_{B2} // r_{BE2}$ $R'_{L2} = R_{C2} // R_L$

输入电阻 r_1 为

$$r_1 = r_{I1} = R_{B1} // R_{B2} // r_{BE1}$$

输出电阻 r_O 为

$$r_O = r_{O2} = R_{C2}$$

由上述分析可知，多级放大器的输入电阻为第一级放大器的输入电阻，多级放大器的输出电阻为末级放大器的输出电阻，多级放大器的电压放大倍数为各级放大器电压倍数的乘积。

3.4.2 直接耦合多级放大器分析

图 3-15 所示的两级放大器中，前、后级之间没有耦合电容，而是直接相连的，所以称为直接耦合放大器。在放大变化缓慢的信号（称为直流信号）时，必须采用这种耦合方式，在集成电路中，为了避免制造大容量电容的困难，也采用这种耦合方式。

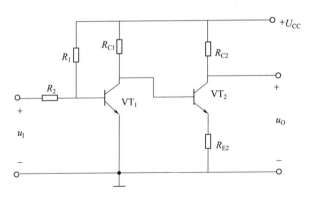

图 3-15　直接耦合两级放大器

直接耦合存在的两个问题如下。

① 前后级静态工作点相互影响。

② 零点漂移。它是指输入信号电压为零时，输出电压发生缓慢地、无规则地变化的现象。产生的原因是晶体管参数随温度变

化、电源电压波动、电路元件参数的变化。其中温度的影响是最严重的，因而零点漂移也称为温度漂移（温漂）。在多级放大器的各级漂移当中，又以第一级的漂移影响最为严重。因为是直接耦合，第一级的漂移被逐级放大，以致影响整个放大器的工作。所以，抑制漂移要着重于第一级。

在直接耦合放大器中抑制零点漂移最有效的电路结构是差分放大器。因此，要求较高的多级直接耦合放大电路的第一级广泛采用这种电路。

3.5 识读差分放大器

3.5.1 差分放大器基础知识

差分放大器使用两个同型号、同参数三极管构成一级放大器，它有两个输入端和两个输出端。

在分析差分放大器之前，首先要了解差模信号和共模信号的概念，因为差分放大器对这两种信号的放大不同，这一点与一般放大器不一样。

① 共模信号。两个大小相等、极性相同的信号，它们同时加到两个差分放大管基极，将引起两个差分放大管基极电流相同方向的变化，即一个三极管基极电流在增大时，另一个三极管基极电流也在等量增大。差分放大器对共模信号无放大作用，即完全抑制了共模信号。

② 差模信号。两个大小相等、极性相反的信号，分别加到两个差分放大管基极，差模信号输入到差分放大器后，将引起两个差分放大管基极电流的相反方向变化，即一个三极管的基极电流在增大时，另一个在等量减小。在差分放大器中，差模信号是放大器所要放大的信号。

3.5.2 差分放大器的工作原理分析

图 3-16 所示的电路是双端输入-双端输出差分放大器的原理电路，由完全相同的两个共发射极单管放大电路组成，要求两个晶体

管特性一致，两侧电路参数对称。VT$_1$ 和 VT$_2$ 为两个差分管，它们是同型号的三极管。

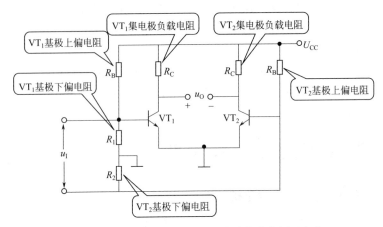

图 3-16　双端输入-双端输出差分放大器的原理电路

差分放大器具有两个输入端，两个输出端。信号分别从两管基极之间输入，从两管集电极之间输出，即 $u_O = u_{O1} - u_{O2}$。在无信号输入时（静态时），因电路具有对称性，两管的集电极电流相等，两管的集电极电压变化量也相等，即 $I_{C1} = I_{C2}$，$U_{C1} = U_{C2}$。此时，输出信号为零，即零输入对应零输出。

差分放大器能有效抑制零点漂移，例如，当温度变化引起两管的 I_C 发生变化时，由于电路的对称性，两管的集电极电流和集电极电压变化量会相等，即 $\Delta I_{C1} = \Delta I_{C2}$，$\Delta U_{C1} = \Delta U_{C2}$，而差分放大器的输出电压 $u_O = u_{O1} - u_{O2} = 0$。所以不管工作点怎样变化，只要保持电路的对称性，在没有信号输入时输出始终为零，从而克服了零点漂移现象。

（1）差模信号输入

图 3-17 所示为差模信号输入的情况。设输入信号 u_1 的极性为上正下负，图中用"＋""－"号表示，该信号经 R_1 和 R_2（$R_1 = R_2$）分压后，各分得 $\frac{1}{2}u_1$，极性为上正下负。R_1 上的信号，正端

作用于 VT_1 的基极，负端作用于 VT_1 的发射极，从而使 VT_1 基极输入信号极性为正；R_2 上的信号，正端作用于 VT_2 的发射极，负端作用于 VT_2 的基极，从而使 VT_2 基极输入信号极性为负。即 VT_1、VT_2 基极输入了差模信号，$u_{I1} = \dfrac{1}{2}u_1$，$u_{I2} = -\dfrac{1}{2}u_1$。

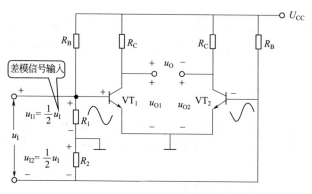

图 3-17　差模信号输入的情况

因两侧电路对称，故电压放大倍数相等，用 A_u 表示，则

$$u_{O1} = A_u u_{I1}$$
$$u_{O2} = A_u u_{I2}$$
$$u_O = u_{O1} - u_{O2} = A_u(u_{I1} - u_{I2}) = A_u u_I$$

u_O、u_I 之比以 A_d 表示，称为差模电压放大倍数

$$A_d = \frac{u_O}{u_I}$$

可见，差模电压放大倍数等于单级放大器的放大倍数。这说明差分放大器抑制零点漂移的优点是靠增加三极管的数量换来的。

（2）共模信号输入

在输入端加上一对大小相等、极性相同的信号 $u_{I1} = u_{I2} = u_{Ic}$（称为共模信号）。对于 VT_1 来说，因基极信号极性为正，故基极电流和集电极电流会增大，并使集电极电压下降 ΔU_C，从静态时的 U_C 下降至（$U_C - \Delta U_C$）。对于 VT_2 来说，因基极信号极性也为正，故基极电流和集电极电流也会增大，并使集电极电压下降

ΔU_{C}，从静态时的 U_{C} 下降至（$U_{\text{C}} - \Delta U_{\text{C}}$）。这样输出电压 $u_{\text{O}} =$（$U_{\text{C}} - \Delta U_{\text{C}}$）$- (U_{\text{C}} - \Delta U_{\text{C}}) = 0$。这说明，差分放大器在电路对称的情况下对共模信号没有放大能力。

共模电压放大倍数

$$A_{\text{c}} = \frac{u_{\text{Oc}}}{u_{\text{Ic}}} = 0$$

上面讨论的是理想情况，在一般情况下，电路不可能绝对对称，故 $A_{\text{c}} \neq 0$，将 A_{d}、A_{c} 之比取对数，以 K_{CMR} 表示，称为共模抑制比，则

$$K_{\text{CMR}} = 20\lg\left|\frac{A_{\text{d}}}{A_{\text{c}}}\right|$$

共模抑制比反映了差分放大器共模抑制能力的大小。其值越大，说明差分放大器对共模信号的抑制能力越强，放大器的性能越好。

（3）差分放大器的改进电路

为了提高共模抑制比，必须对差分放大器进行改进，下面介绍两种最常用的改进电路。一种是在两管发射极上加一个电阻 R_{E} 和负电源 $-U_{\text{EE}}$，如图 3-18 所示；另一种是在两管发射极上增加恒流源，如图 3-19 所示。

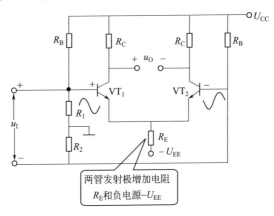

图 3-18　差分放大器的改进电路

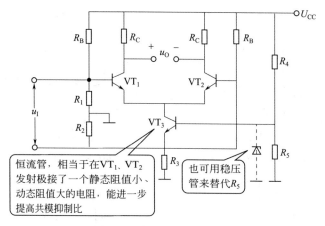

恒流管，相当于在VT$_1$、VT$_2$
发射极接了一个静态阻值小、
动态阻值大的电阻，能进一步
提高共模抑制比

也可用稳压
管来替代R_5

图 3-19　恒流源差分放大器

在差模信号输入时，由于两个单管放大器的输入信号大小相等
而极性相反且电路对称，故输入信号使一个三极管射极电流增加多
少，则必然使另一个三极管射极电流减少多少。因此，流过射极电
阻的电流保持不变，射极电位恒定，故电阻 R_E 对差模信号而言相
当于短路，不影响差模放大倍数。

射极电阻 R_E 越大，对于零点漂移和共模信号的抑制作用越显
著，同时又不影响差模放大倍数，但 R_E 越大，产生的直流压降就
越大。为了补偿 R_E 上的直流压降，使射极基本保持零电位，增加
了电源 $-U_{EE}$，基极电流 I_B 可经下偏电阻（R_1 和 R_2）由 U_{EE} 提
供，因此图 3-18 电路中的 R_B 可省去。

当 R_E 选得较大时，维持正常工作电流所需的负电源将很高，
在实际中往往以理想电流源代替电阻 R_E。理想电流源电路可由场
效应晶体管或双极结型晶体管构成，如图 3-19 所示。

（4）差分放大器的输入和输出方式

差分放大器有两个输入端和两个输出端，除了前面讨论的双端
输入-双端输出式电路以外，为了适应信号源和负载经常有一端接
地的情况，还经常采用单端输入方式和单端输出方式。四种输入输
出方式的差分放大器如图 3-20 所示。

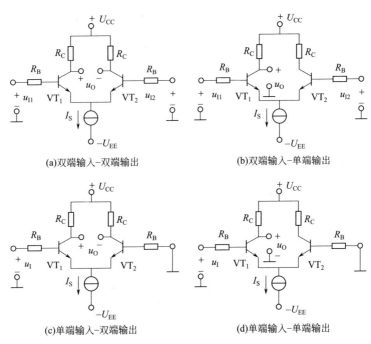

(a)双端输入–双端输出

(b)双端输入–单端输出

(c)单端输入–双端输出

(d)单端输入–单端输出

图 3-20 四种输入输出方式的差分放大器

四种差分放大器的比较见表 3-2。

表 3-2 四种差分放大器

输入方式	双 端		单 端	
输出方式	双 端	单 端	双 端	单 端
差模放大倍数 A_d	$-\dfrac{\beta R_C}{R_B + r_{BE}}$	$\pm\dfrac{\beta R_C}{2\,(R_B + r_{BE})}$	$-\dfrac{\beta R_C}{R_B + r_{BE}}$	$\pm\dfrac{\beta R_C}{2\,(R_B + r_{BE})}$
差模输入电阻 r_I	2 $(R_B + r_{BE})$		2 $(R_B + r_{BE})$	
差模输出电阻 r_O	$2R_C$	R_C	$2R_C$	R_C

① 单端输入式电路分析方法。图 3-21 所示是差分放大器中的单端输入式电路。单端输入电路的特征是：输入信号加到一个差分管的基极与地端之间，另一个差分管基极通过电容接地。

教你快速看懂电子电路图

理解这一电路的关键是：当差模输入信号 u_1 加到三极管 VT$_1$ 基极时，为什么三极管 VT$_2$ 也会有差模输入信号。其分析如下。

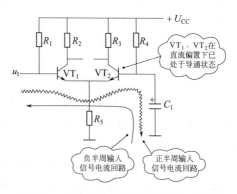

图 3-21　差分放大器中的单端输入式电路

三极管 VT$_1$ 和 VT$_2$ 共用的发射极电阻 R_5 阻值比较大，可以视电阻 R_5 为开路。同时，三极管 VT$_1$ 和 VT$_2$ 发射结在电阻 R_1 和 R_4 的作用下处于正向偏置后的导通状态，这样输入信号的三极管 VT$_1$ 和 VT$_2$ 基极电流的回路是：输入信号 u_1 →三极管 VT$_1$ 基极→ VT$_1$ 发射极→三极管 VT$_2$ 发射极→ VT$_2$ 基极→电容 C_1 接地端，输入信号电流形成回路。

输入信号在正半周期间时，输入信号给三极管 VT$_1$ 加正向偏置电压，加大了三极管 VT$_1$ 基极电流，使 VT$_1$ 基极电流增大；对于三极管 VT$_2$ 发射极而言，由于输入信号电压在其发射极上增大，给三极管 VT$_2$ 发射结加的是反向偏置电压，这样输入信号电压减小了三极管 VT$_2$ 基极正向偏置电压，所以使 VT$_2$ 基极电流减小。由此可见，当输入信号电压在正半周期间时，会引起 VT$_1$ 基极电流增大，导致 VT$_2$ 基极电流减小，可见这是输入的差模信号。

输入信号在负半周期间时，给三极管 VT$_1$ 发射结加的是反向偏置电压，使 VT$_1$ 基极电流减小；由于输入信号使 VT$_1$ 发射极电压减小，给 VT$_2$ 发射结加的是正向偏置电压，使 VT$_2$ 基极电流增大。这样，当输入信号 u_1 在负半周期间时，会引起 VT$_1$ 基极电流减小，而使 VT$_2$ 基极电流增大，所以这也是输入的差模信号。

由上述输入电路可知，给差分放大器中的一个三极管基极输入信号，能够引起两个三极管基极电流反向变化，相当于给差分放大器输入差模信号，电路特点如下。

a. 三极管 VT$_1$ 和 VT$_2$ 发射结在直流偏置电压作用下导通，由于两个三极管正向偏置电压相同，所以两个三极管发射结导通后内阻相同。

b. 二级三极管发射结内阻串联后接在输入信号 u_1 上，这样两管发射极上的输入电压相等，而且只有输入信号 u_1 的一半。所以，三极管 VT_1 和 VT_2 中只相当于有一半的输入信号。

c. 单端输入式电路中，对于共模信号而言，温度或直流电压大小变化，会引起两个三极管的电流同时增大或同时减小，对共模信号产生强烈的抑制作用。

② 双端输入式电路分析方法。如图 3-22 所示是差分放大器中的双端输入电路。从电路中可以看出，输入信号是大小相等、相位相反的两个信号，加在三极管 VT_1 和 VT_2 基极的两个信号是差模信号 u_{I1} 和 u_{I2}。当三极管 VT_1 基极上的输入信号为正半周时，输入信号使 VT_1 基极电流增大，此时 VT_2 基极上的输入信号为负半周，使 VT_2 基极电流减小。当三极管 VT_1 基极上的输入信号为负半周时，输入信号使 VT_1 基极电流减小，同时 VT_2 基极上的输入信号为正半周，使 VT_2 基极电流增大。因此对于双端输入式差分放大器而言，要有两个大小相等、相位相反的信号。

③ 双端输出式电路分析方法。如图 3-23 所示电路是差分放大

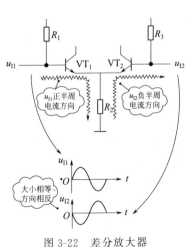

图 3-22 差分放大器
中的双端输入电路

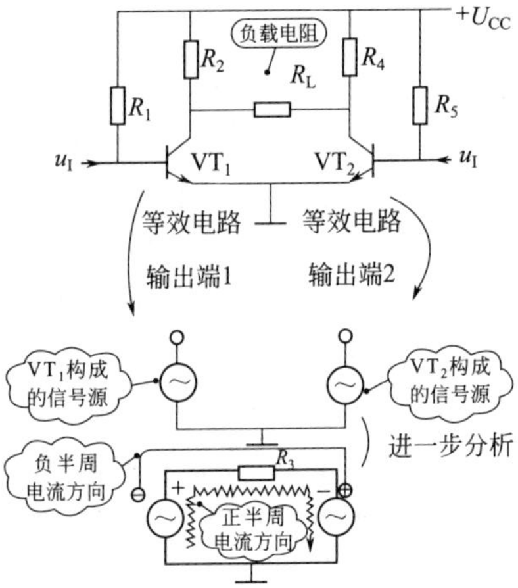

图 3-23 差分放大器中的双端输出电路

器中的双端输出电路。从电路中可以看出，输出信号从两个三极管的集电极之间输出，不同于一般放大器从三极管集电极与地之间输出，或从发射极与地之间输出。其分析步骤如下。

a. 两个单级放大器输出信号。将三极管 VT_1 和 VT_2 作为单级放大器分别进行分析，得到各自的单级放大器等效电路，分析得到两个信号源电路，一个信号源电路输出放大后信号的正半周，另一个信号源电路输出信号的负半周，两个信号源电路输出大小相等、相位相反的信号。

b. 两个三极管集电极之间接负载。在两个三极管集电极之间接入负载电阻 R_L 后，由于两个信号源输出信号相位相反，所以输出信号为正半周时，电流从一个信号源经过负载电阻 R_L 流向另一个信号源；信号源在负半周时，流过负载电阻 R_L 上的电流方向相反。

④ 单端输出式电路分析方法。如图 3-24 所示，在单端输出式差分电路中，输出信号也可以从三极管 VT_2 集电极与地之间输出信号。从 VT_1 集电极输出信号时，输出信号电压相位与 VT_1 基极上信号电压相位相反，与

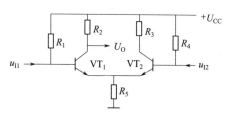

图 3-24　单端输出式差分电路

VT_2 基极上信号电压相位相同；从 VT_2 集电极输出信号时，输出信号则与 VT_1 基极上信号电压相位相同，与 VT_2 基极上信号电压相位相反。输出端确定后，输入端有同相和反相两个输入端。

第 4 章 Chapter 4 ❓

电源整流及滤波电路

　　二极管具有单向导电特性，因此，可以利用二极管组成整流电路。常见的整流电路有半波整流、全波整流和桥式整流等形式。整流电路的作用是将交流电压转换成单向脉动电压。

　　图 4-1 所示电路为半导体直流电源的原理方框图，它表示把交流电变换为直流电的过程。图 4-1 中，各环节的功能如下。

　　① 整流变压器：将交流电源电压变换为符合整流电路所需的电压。

　　② 整流电路：利用二极管的单向导电特性，将交流电压转换成单向脉动电压。

　　③ 滤波电路：减小整流电压的脉动程度，以适合负载的需要。

　　④ 稳压电路：在交流电源电压波动或负载变动时，使直流输出电压稳定。在对直流电压的稳定程度要求较低时，稳压电路可以不要。

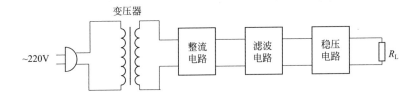

图 4-1　半导体直流电源的原理方框图

4.1 半波整流电路

半波整流电路是电源电路中一种最简单的整流电路，半波整流电路中只用一个整流二极管，根据电路的不同结构可以得到正极性的单向脉动直流输出电压，也可得到负极性的单向脉动直流输出电压。其中，正极性半波整流电路使用频率最高。

图 4-2 所示电路为正极性半波整流电路，由于二极管具有单向导电性，在交流电压处于正半周（a 正 b 负）时，二极管导通，其电流回路是：变压器二次侧 a 端→二极管 VD 正极→VD 负极→变压器二次侧 b 端，通过交流电源内部构成回路；在交流电压处于负半周（b 正 a 负）时，二极管截止，因而经二极管 VD 整流后原来的交流波形变成了缺少半个周期的波形，所以称之为半波整流。经二极管 VD 整流出来的脉动电压再经 RC 滤波器滤波后即为直流电压。

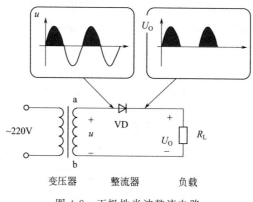

图 4-2　正极性半波整流电路

（1）电路特点

① 利用二极管的单向导电性将交流电压变换为直流脉动电压。

② 二极管导通时，其压降很小，可忽略不计，因此可认为输出 U_O 与输入电压 u 的正半波相同。

③ 负载上得到的整流电压是单向的（极性一定），但其大小是

变化的，常用一个周期的平均值来描述 $U_O = 0.45U$ 。

④ 在对整流二极管选型时，必须考虑二极管不导通时承受的最高反向电压和流过二极管的最大整流电流。

（2）参数计算

由于交流电压时刻在发生变化，所以整流后输出的直流电压 U_O 也会变化（电压时高时低），这种大小变化的直流电压称为脉动直流电压。根据理论和实验都可得出，半波整流负载 R_L 两端的平均电压值为

$$U_O = 0.45U$$

负载 R_L 上流过的电流平均值为

$$I_L = \frac{U_O}{R_L} = 0.45\frac{U}{R_L}$$

（3）元器件的选用

对于整流电路，整流二极管的选择非常重要。在选择整流二极管时，主要考虑最高反向电压 U_{RM} 和最大整流电流 I_{RM} 。

在半波整流中，整流二极管两端承受的最高反向电压为 u 的峰值，即

$$U_{RM} = \sqrt{2}U$$

整流二极管流过的平均电流与负载电流相同，即

$$I_D = I_L = \frac{U_O}{R_L} = 0.45\frac{U}{R_L}$$

在选择整流二极管时，所选择二极管的最高反向电压 U_{RM} 应大于在电路中承受的最高反向电压，最大整流电流 I_{RM} 应大于流过二极管的平均电流，否则整流二极管容易反向击穿或烧坏。

4.2 全波整流电路

4.2.1 正极性全波整流电路

图 4-3 所示电路为正极性全波整流电路。电路中电源变压器 T_1 的特点是有一个抽头，且为中间抽头，中间抽头将二次绕组一

分为二，抽头以上线圈为 L_1，抽头以下线圈为 L_2，L_1 和 L_2 输出的交流电压相等、相位相反。VD_1、VD_2 是两个整流二极管，它们构成全波整流电路，用 R_L 表示全波整流电路的负载。

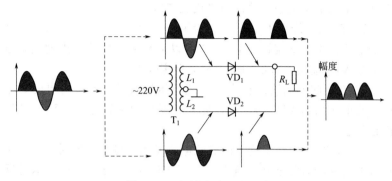

图 4-3　正极性全波整流电路

（1）电路详解

① VD_1 导通后的电流回路是：二次绕组 L_1 上端→整流二极管 VD_1→负载 R_L→地端→二次绕组中间抽头→二次绕组 L_1。

② VD_2 导通后的电流回路是：二次绕组 L_2 下端→整流二极管 VD_2→负载 R_L→地端→二次绕组中间抽头→二次绕组 L_2。

③ VD_1 对交流电压正半周的电压进行整流，VD_2 对负半周的交流电压进行整流，这样最后得到两个合成的电流，所以称为全波整流。

④ 全波整流电路输出的单向脉动直流电压中含有大量的交流成分，因交流输入的正、负半周均有输出，所以其交流成分的频率是输入电压的 2 倍，如图 4-4 所示。

图 4-4　全波整流电路输出电压与输入电压交流成分的频率关系

⑤ 相比于半波整流，全波整流电路的效率高于半波整流电路。

（2）电路特点

① 当电源变压器 T_1 二次绕组上端输出正半周交流电压时，二次绕组下端输出大小相等的负半周交流电压。

② T_1 二次绕组上端正半周交流电压使 VD_1 导通，VD_1 导通后的电流从上而下流过负载 R_L，所以在交流电压正半周期间，电路通过 VD_1 输出正极性的单向脉动直流电压。

③ 在线圈上端输出正半周交流电压的同时，下端输出的负半周交流电压加到 VD_2 的正极，VD_2 承受反向偏置电压，VD_2 处于截止状态。

④ 当 T_1 二次绕组输出的交流电压变化到另一个半周时，二次绕组上端输出的负半周交流电压加至 VD_1 的正极，VD_1 因承受反向偏置电压而截止，VD_2 因承受正向偏置电压而导通，这时流过负载 R_L 的电流仍然是从上而下的，所以也是输出正极性的单向脉动直流电压。

4.2.2 负极性全波整流电路

图 4-5 所示电路是负极性全波整流电路，与正极性全波整流电路一样，采用两个整流二极管构成一组整流电路，所不同的是两个整流二极管的接法与正极性全波整流电路不同。

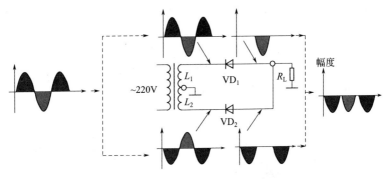

图 4-5　负极性全波整流电路

（1）电路详解

① 当电源变压器二次绕组上端输出正半周交流电压时，VD_1 截止，同时二次绕组下端输出大小相等的负半周交流电压，使 VD_2 导通，其导通后电流通路为：地线→负载 R_L→VD_2→二次绕组下端→二次绕组中间抽头以下线圈→二次绕组中间抽头，构成回路。由于流过负载电阻 R_L 的电流是从下而上的，因此输出端得到的是负极性的单向脉动直流电压。

② 在电源变压器二次绕组输出的交流电压变化到另一个半周时，二次绕组上端输出的负半周交流电压加到 VD_1 的负极，VD_1 承受正向偏置电压而导通，其导通后的电流回路是：地线→负载 R_L→VD_1→二次绕组上端→二次绕组中间抽头以上线圈→二次绕组中间抽头，构成回路。同样，流过负载电阻 R_L 的电流是从下而上的，因此输出端得到的是负极性的单向脉动直流电压。

（2）电路特点

① 全波整流电路输出正极性还是负极性单向脉动直流电压，主要取决于整流二极管的连接方式。整流二极管正极接电源变压器的二次绕组时，输出正极性的直流电压；整流二极管负极接电源变压器的二次绕组时，输出负极性的直流电压。

② 输出正极性的全波整流电路中，流过负载的电流方向是从上而下；输出负极性的全波整流电路中，流过负载的电流方向是从下而上。

③ 在全波整流电路中，电源变压器一定要有中间抽头，否则就不能构成全波整流电路。

4.3 单相桥式整流电路

4.3.1 典型的单相桥式整流电路

图 4-6 所示电路为典型的单相桥式整流电路，它是由四个 VD_1～VD_4 接成电桥的形式构成的。

（1）工作原理

在变压器二次绕组的交流电压正半周时，其极性为上正下负，

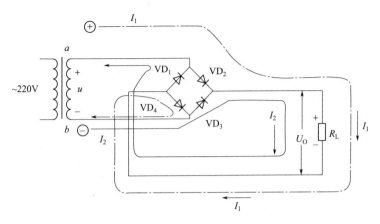

图 4-6 单相桥式整流电路

即 a 端电位高于 b 端电位，VD_2、VD_4 因承受正向偏置电压而导通，VD_1、VD_3 因承受反向偏置电压而截止，电流 I_1 的通路是：a →VD_2→R_L→VD_4→b。这时，负载电阻 R_L 上得到一个半波电压，如图 4-6 所示。

在变压器二次绕组的交流电压负半周时，其极性为上负下正，即 b 端电位高于 a 端电位，VD_1、VD_3 因承受正向偏置电压而导通，VD_2、VD_4 因承受反向偏置电压而截止，电流 I_2 的通路是：b→VD_3→R_L→VD_1→a。同样，负载电阻 R_L 上也得到一个半波电压，如图 4-7 所示。

需注意以下几点。

① 在分析流过二极管导通的回路电流时，从二次绕组上端或下端（a 端或 b 端）出发，找出正极与线圈端点

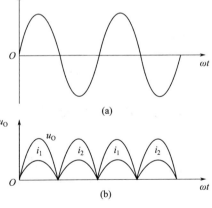

图 4-7 单相桥式整流电路的电压与电流的波形

相连的整流二极管，（图4-8中的 VD_2 和 VD_4），进行电流回路的分析，沿箭头方向进行分析。

② 在电源变压器二次绕组交流电压的正、负半周，VD_2、VD_4 和 VD_1、VD_3 交替导通，流过负载电阻 R_L 的电流方向始终是从上向下流动，如图4-8所示。

（2）参数计算

由于桥式整流电路能利用到交流电压的正、负半周，故负载 R_L 两端的平均电压值是半波整流的两倍，即

$$U_O = 0.9U$$

负载 R_L 上流过的电流平均值为

$$I_L = \frac{U_O}{R_L} = 0.9\frac{U}{R_L}$$

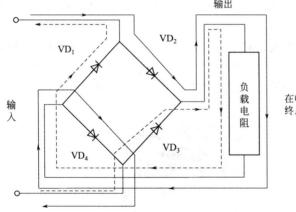

图4-8　单相桥式整流电路的电流通路

（3）元器件的选用

在桥式整流电路中。每个整流二极管有半个周期处于截止，在截止时，整流二极管承受的最高反向电压为

$$U_{RM} = \sqrt{2}U$$

这一点与半波整流电路相同。

每两个二极管串联导电半周，因此每个二极管流过的平均电流

只有负载电流的一半，即

$$I_D = \frac{1}{2} I_L = 0.45 \frac{U}{R_L}$$

因此，在桥式整流电路中，若选用整流二极管，所选择二极管的最高反向电压 U_{RM} 应大于在电路中承受的最高反向电压，最大整流电流 I_{RM} 应大于流过二极管的平均电流，否则整流二极管容易反向击穿或烧坏。

（4）电路特点

桥式整流电路与半波整流电路相比，其明显的优点是输出电压高、纹波电压小、整流二极管所承受的最大反向电压较低，并且因为电源变压器在正、负半周都有电流通过，所以变压器绕组中流过的是交流，变压器利用率高。在同样输出直流功率的条件下，桥式整流电路可以使用小的变压器，因此在整流电路中得到了广泛应用。

在看到电路板上有一个整流全桥和一个体积较大的电解电容器或者 4 个二极管和一个体积较大的电解电容器时就可以判断这几个器件就是电路中的桥式整流电路，如图 4-9 所示。

图 4-9　电路板上的桥式整流电路

4.3.2　桥堆构成的整流电路

（1）认识桥堆

在实际整流电路中，桥式整流电路常常采用整流桥堆，它利用集成技术将四个二极管集成在一个硅片上，引出四根线，如图 4-10 所示。

图 4-10　整流桥堆

（2）重要提示

① 整流桥堆中两个交流电压输入脚"～"与电源变压器二次绕组相连，这两个引脚没有正、负极性之分。

② 分析正极性端"＋"与整流电路负载之间的连接电路，输出正极性直流脉动电压。

③ 分析负极性端"－"与接地电路，在输出正极性电压电路中负极性必须接地。

（3）桥式整流电路的简单画法

图 4-11 所示电路为桥式整流电路的简单画法，在电子产品电路图中多采用这种形式的画法，分析方法与前述相同。

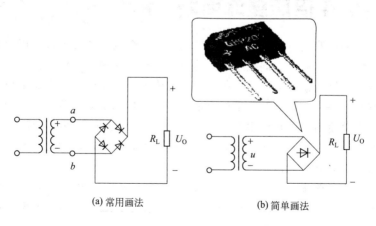

(a) 常用画法　　　　　　　(b) 简单画法

图 4-11　桥式整流电路及其简单画法

（4）桥堆构成的正、负极性全波整流电路

图 4-12 所示电路为桥堆构成的正、负极性全波整流电路。电路中的 ZL 是整流桥堆，T 是带中间抽头的电源变压器。

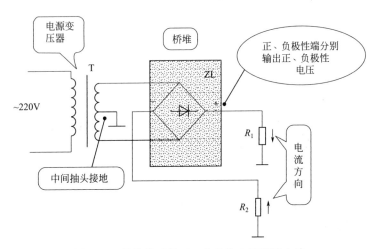

图 4-12　桥堆构成的正、负极性全波整流电路

4.4 倍压整流电路

利用滤波电容的能量存储作用，由多个电容和二极管可以获得几倍于变压器二次侧绕组电压的输出电压，这种电路称为倍压整流电路。倍压整流电路是一种将较低交流电压转换成较高直流电压的整流电路。在对电源质量要求不是很高且功率要求也不是很大的场合常常使用倍压整流电路，如电蚊拍就需要输出 1200V 的高压才能将蚊子击毙，制作相应的变压器是很不容易的，这时就需要使用倍压整流电路来达到目的。

倍压整流电路一般按输出电压是输入电压的多少倍分为二倍压、三倍压及多倍压整流电路。二倍压整流电路是典型的应用电路。

图 4-13 所示为二倍压整流电路。该电路由变压器 T 和两个整流管 VD_1、VD_2 及两个电容器 C_1、C_2 组成。

其工作原理如下：交流电压 u_1 送到变压器 T 一次绕组 L_1，再感应到二次绕组 L_2 上，L_2 上的交流信号电压为 u_2，u_2 的峰值电压为 $\sqrt{2}U_2$。在 u_2 的负半周时，L_2 上的电压为上负下正，该电压经 VD_1 对 C_1 充电，充电路径是：L_2 下正→VD_1→C_1→L_2 上负，在 C_1 上充得左负右正电压，该电压大小约为 $\sqrt{2}U_2$；在 u_2 的正半周时，L_2 上的电压为上正下负，该上正下负电压与 C_1 上的左负右正电压叠加，再经 VD_2 对 C_2 充电，充电路径是：C_1 右正→VD_2→C_2→L_2 下负（L_2 上的电压与 C_1 上的电压叠加后，C_1 右端相当于整个电压的正极，L_1 下负相当于整个电压的负极），结果在 C_2 上获得约为 $2\sqrt{2}U_2$ 的电压 U_O，提供给负载。

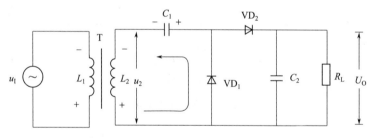

图 4-13 二倍压整流电路

在二倍压整流电路的基础上再加一个整流管和一个滤波电容器就可以组成三倍压整流电路，如果要获得 n 倍压整流电路，则根据同相原理，只要把更多点的电容串联起来并配以相同的二极管分别对它们充电即可。

4.4.2 **七倍压整流电路**

图 4-14 所示电路为七倍压整流电路。七倍压整流电路的工作原理与二倍压整流电路基本相同。当 u_2 电压极性为上负下正时，它经 VD_1 对 C_1 充得左正右负电压，大小为 $\sqrt{2}U_2$；当 u_2 电压极性

为上正下负时，上正下负的 u_2 电压与 C_1 左正右负电压叠加，经 VD_2 对 C_2 充得左正右负电压，大小为 $2\sqrt{2}U_2$。当 u_2 电压极性又变为上负下正时，上负下正的 u_2 电压、C_1 上的左正右负电压与 C_2 上的左正右负电压三个电压进行叠加，由于 u_2 电压、C_1 上的电压极性相反，相互抵消，故叠加后总电压为 $2\sqrt{2}U_2$，它经 VD_3 对 C_3 充电，在 C_3 上充得左正右负的电压，电压大小为 $2\sqrt{2}U_2$。电路中的 $C_4 \sim C_7$ 充电原理与 C_3 充电基本类似，它们两端充得的电压大小为 $2\sqrt{2}U_2$。

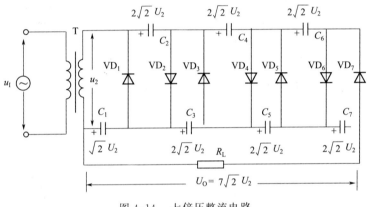

图 4-14　七倍压整流电路

在电路中，除了 C_1 两端电压为 $\sqrt{2}U_2$ 外，其他电容两端电压均为 $2\sqrt{2}U_2$，总电压 U_O 取自 C_1、C_3、C_5、C_7 的叠加电压。如果在电路中灵活接线，则可以获得一倍压、二倍压、三倍压、四倍压、五倍压及六倍压。

倍压整流电路的特点：倍压整流电路可以通过增加整流二极管和电容的方法成倍提高输出电压，但这种整流电路输出电流较小。

4.5 滤波电路

整流电路虽然可以把交流电转换为直流电，但是所得到的输出电压是单向脉动电压。在某些设备（如电镀、蓄电池充电等设备）中，这种电压的脉动是允许的。但是在大多数电子设备中，整流电路中都要加滤波器，以去除输出电压中的交流成分，改善输出电压的脉动程度。

4.5.1 电容滤波电路

下面以图 4-15 所示的接有电容滤波器的单相桥式整流电路说明电容滤波的工作原理。电路中 C 是滤波电容，它接在整流电路的输出端与地之间，整流电路输出的单向脉动直流电压 U_1 加在电容 C 上，R_L 是整流滤波电路的负载电阻。

电容器可以将电压中的交流成分滤除。图 4-15 中，二极管整流得到的 U_1 是脉动直流电压，其中既有直流成分也有交流成分。由于输出端接有滤波电容器 C，交流成分被 C 旁路到地，输出电压 U_O 就是较平滑的直流电压了。

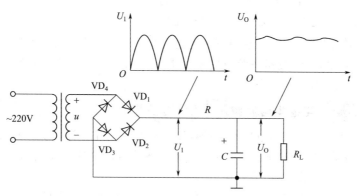

图 4-15　接有电容滤波器的单相桥式整流电路

（1）细说工作原理

在 u 的正半周且 $u > u_C$ 时，VD_1 和 VD_3 导通，一方面供电给负载，另一方面对电容器 C 进行充电。当充到最大值时，即 $u_C = u_m$ 后，u_C 和 u 都开始下降，u 按正弦规律下降。当 $u < u_C$ 时，VD_1 和 VD_3 因承受反向电压而截止，电容器对负载放电，u_C 按指数规律下降。

在 u 的负半周，情况类似，只是在 $|u| > u_C$ 时，VD$_2$ 和 VD$_4$ 导通。

经滤波后 U_O 的波形如图 4-16 所示，脉冲显然减小。放电时间常数 $R_L C$ 大一些，脉动就小一些。一般要求 $R_L C \geqslant (3 \sim 5) \dfrac{T}{2}$，式中 T 是 u 的周期。这时，$U_O \approx 1.2U$。

（2）重要提示

① 对于单相桥式整流电路而言，无论有无电容滤波，二极管所承受的最高反向电压都是 $\sqrt{2}U$，对整流二极管选型时需注意。

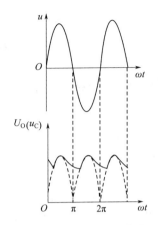

图 4-16 接有电容滤波器的单相桥式整流电路 u、U_O 和 u_C 的波形

② 从滤波角度讲，滤波电容的容量越大越好，但是也会造成在比较长的时间内整流二极管中有大电流流过，这会损坏整流二极管。

③ 电容滤波器一般应用于要求输出电压较高、负载电流较小且变化也较小的场合。

4.5.2 电感电容滤波器（LC 滤波器）

为了减小输出电压的脉动程度，在滤波电容之前串接一个铁芯电感线圈 L，这样就组成了电感电容滤波器，如图 4-17 所示。

（1）工作原理

当通过电感线圈的电流发生变化时，线圈要产生自感电动势阻碍电流的变化，使负载电流和负载电压的脉动大为减小。频率越高，电感的感抗（$X_L = \omega L = 2\pi f L$）越大，滤波效果越好。

电感线圈之所以能滤波也可以这样来理解：因为电感线圈对整流电路的交流分量具有阻抗，谐波频率越高，阻抗越大，所以它可以减弱整流电压中的交流分量，ωL 比 R 大得越多，滤波效果越好，而后又经过电容滤波器滤波，再一次滤除交流分量。这样，便可以得到甚为平滑的直流输出电压。但是，由于电感线圈的电感较大

（一般在几亨到几十亨的范围），其匝数较多，电阻也较大，其上也有一定的直流电压降，造成输出电压的下降。

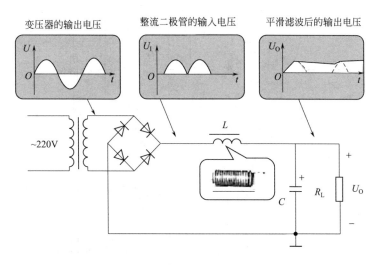

图 4-17　电感电容滤波电路

（2）重要提示

① 电感电容滤波电路适用于电流较大、要求输出电压脉动很小的场合，用于高频时更为合适。

② 在电流较大、负载变动较大并对输出电压的脉动程度要求不太高的场合下，也可以将电容器除去，而采用电感滤波器。

4.5.3　π 型滤波器

（1）π 型 LC 滤波器

如果要求输出电压脉动更小，可以在 LC 滤波器的前面再并联一个滤波电容 C_1，如图 4-18 所示，这样便构成 π 型 LC 滤波器。它的滤波效果比 LC 滤波器更好。

（2）π 型 RC 滤波器

由于电感线圈的体积大而笨重，成本又高，所以有时候用电阻代替 π 型滤波器中的电感线圈，这样便构成了 π 型 RC 滤波器，如图 4-19 所示。它是一种非常常用的滤波电路，几乎所有的电源电路中都使用这种滤波电路，成本低，电路结构简单。

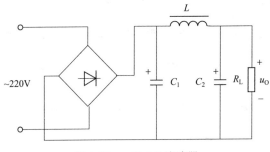

图 4-18 π 型 LC 滤波器

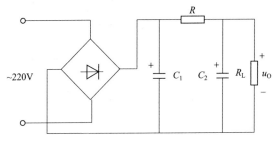

图 4-19 π 型 RC 滤波器

从整流电路输出的电压首先经过 C_1 的滤波，大部分的交流分量被滤除。经过 C_1 滤波后的电压再加到由 R 和 C_2 构成的滤波电路中，电容 C_2 进一步对交流分量进行滤波，有少量的交流电流通过 C_2 到达地线。

对于 R 和 C_2 滤波电路可以这样理解：电容 C_2 的容抗 X_C 与电阻 R 构成一个分压电路，如图 4-20 所示。对于直流电而言，由于 C_2 具有隔直作用，直流电不能通过电容 C_2，直流电流只能通过电阻 R，如图中的直流电流所示，所以 R 和 C_2 分压电路对直流电压不存在分压衰减的作用，这样直流电压通过电阻 R 输出；而对于交流电流，因为 C_2 的容量很大，容抗很小(容抗与电容的容量成反比，即 $X_C = \dfrac{1}{\omega C}$)，所以 R 和 C_2 构成的分压电路对交流成分衰减很

教你快速看懂电子电路图

大，达到滤波的目的。

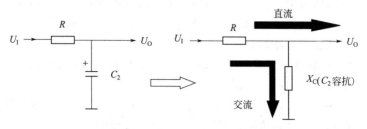

图 4-20　R、C_2 构成的分压电路

需要注意以下几点。

① π 型 RC 滤波器是一种常用的复合型滤波电路，它主要由滤波电阻和滤波电容复合而成，其中滤波电容起滤波的主要作用。

② π 型 RC 滤波电路中，前节的滤波电容容量大，后节的滤波电容容量小。

③ R 越大，C_2 越大，滤波效果越好，但 R 太大，将使直流电压降增加，所以这种电路主要适用于负载电流较小而又要求输出电压脉动很小的场合。

（3）多节 π 型 RC 滤波器

图 4-21 所示为多节 π 型 RC 滤波电路，电路中 C_1、C_2、C_3 是三个滤波电容，C_3 是最后一节的滤波电容；R_1、R_2 是滤波电阻。

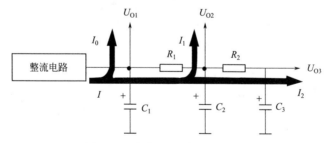

图 4-21　多节 π 型 RC 滤波电路

这一滤波电路的工作原理与上面介绍的 π 型 RC 滤波器基本相同，这里强调以下三点。

① 在多节 π 型 *RC* 滤波器中，前面的滤波电阻其阻值较小，后面的可以较大，这是因为流过前面滤波电阻的直流工作电流比较大，后面的比较小，这样在滤波电阻上的直流电压降比较小，对直流输出电压的大小影响不太大。

② 在多节 π 型 *RC* 滤波器中，整流电路、滤波电路输出端的总电流要分成几路，如图 4-21 所示。

③ 在多节 π 型 *RC* 滤波器中，越是后面的直流输出电压端输出电压越低，且直流输出电压中的交流分量越少。

第 5 章 Chapter 5 ?

直流稳压电路

经整流和滤波后的电压往往会随交流电源电压的波动和负载的变化而变化。电压的不稳定有时会产生测量和计算方面的误差，引起控制装置的工作不稳定，甚至根本无法工作。下面主要介绍稳压二极管稳压电路、串联型稳压电路和开关型稳压电源。

5.1 稳压二极管稳压电路

5.1.1 认识稳压二极管

（1）稳压二极管的图形符号及伏安特性曲线

稳压二极管的伏安特性曲线与普通二极管类似，其差异是稳压二极管的反向特性曲线比较陡，如图 5-1 所示。

可见，稳压二极管是二极管中的一种，但是它的工作特性与普通二极管有很大的不同，稳压二极管与适当数值的电阻配合后能起稳定电压的作用，故称为稳压二极管。此外，还可以用来对信号进行限幅。

（2）工作原理

稳压二极管工作于反向击穿区。从图 5-1 所示的伏安特性曲线可以看出，反向电压在一定范围内变化时，反向电流很小。当反向电压增高到击穿电压时，稳压二极管反向击穿。此后，电流虽然在很大范围内变化，但稳压二极管两端的电压变化很小。利用这一特性，稳压二极管在电路中能起稳压作用。稳压二极管与普通二极管不一样，它的反向击穿是可逆的。当去掉反向电压后，稳压二极管又恢复正常。但是，如果反向电流超过电流允许的范围，稳压二极管将会因发生热击穿而损坏。

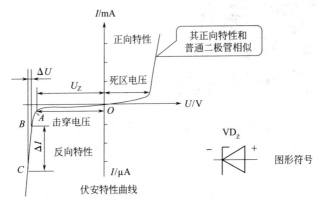

图 5-1　稳压二极管的伏安特性曲线及图形符号

（3）主要参数

① 稳定电压 U_Z。稳定电压就是稳压二极管在正常工作时管子两端的电压。由于生产过程工艺方面和其他原因，稳压值有一定的分散性。因此，手册给出的稳定电压不是一个确定值，而是给了一个范围。例如，2CW59 稳压二极管的稳压值为 10～11.8V。

② 最大稳定电流。它是指稳压二极管长时间工作而不损坏所允许流过的最大稳定电流。稳压二极管在实际运用中，工作电流要小于最大稳定电流，否则会损坏稳压二极管。

③ 电压温度系数 α_U。它是用来表征稳压二极管的稳压值受温度影响程度和性质的一个参数，此系数有正、负之分。一般来说，低于 6V 的稳压二极管，它的电压温度系数是负的；高于 6V 的稳压二极管，电压温度系数是正的；而在 6V 左右的管子，稳压值受温度的影响比较小。因此，选用稳定电压为 6V 左右的稳压二极管，可得到较好的温度稳定性。

④ 最大允许耗散功率 P_{ZM}。它是指稳压二极管击穿后稳压二

极管本身所允许消耗功率的最大值。实际使用中，如果超过这一值，稳压二极管将被烧坏。

⑤ 动态电阻。动态电阻是指稳压二极管端电压的变化量与相应的电流变化量的比值，即稳压二极管的反向伏安特性曲线越陡，则动态电阻越小，稳压性能越好。

使用稳压管时，要控制流过稳压管的电流绝对不能超过最大工作电流，否则就会烧毁稳压管。

5.1.2 稳压二极管稳压电路

最简单的直流稳压电源是采用稳压二极管来稳定电压的。图5-2所示电路是一种稳压二极管稳压电路，经过桥式整流电路整流和电容滤波器滤波得到直流电压 U_I，再经过限流电阻 R 和稳压二极管 VD_Z 组成的稳压电路接到负载 R_L 上。这样负载上得到的就是一个比较稳定的电压。

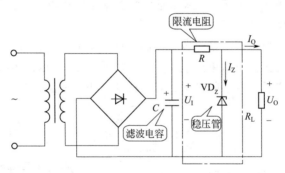

图 5-2　稳压二极管稳压电路

引起电压不稳定的原因是交流电源电压的波动和负载电流的变化。下面分析这两种情况下稳压电路的作用。

例如，当交流电源电压增加而使整流输出电压 U_I 增加时，负载电压 U_O 也要增加。U_O 即为稳压二极管两端的反向电压。当负载电压 U_O 稍有增加时，稳压二极管的电流 I_Z 就显著增加，因此电阻 R 上的电压降增加，以抵偿 U_I 的增加，从而使负载电压 U_O 保持基本不变。相反，当交流电源电压降低而使 U_I 降低时，负载电压 U_O

也要降低，因而稳压二极管电流 I_Z 显著减小，电阻 R 上的电压降也减小，仍然保持负载电压 U_O 近似不变。同理，当电源电压保持不变而是负载电流变化引起负载电压 U_O 改变时，上述稳压电路仍能起到稳压作用。例如，当负载电流增大时，电阻 R 上的电压降增大，负载电压 U_O 因而下降。只要 U_O 下降一点，稳压二极管的电流 I_Z 就显著减小，通过电阻 R 的电流和电阻上电压降保持近似不变，因此负载电压 U_O 也就近似不变。当负载电流减小时，稳压过程相反，读者可自行分析。

5.2 串联调整型稳压电路

　　稳压电路与负载串联的电路称为串联调整型稳压电路，串联调整型稳压电路由基准电压电路、取样电路、比较放大电路和调整电路等部分组成。如图 5-3 所示是串联调整型稳压电路方框图，有的稳压电路中还接入了保护电路等。

　　串联型稳压电路是比较常用的一种稳压电路，它的稳压效果较好，电路结构比较简单。但是其效率较低。尽管如此，串联型稳压电路还是广泛应用于收录机、影碟机及一些电子仪器中。

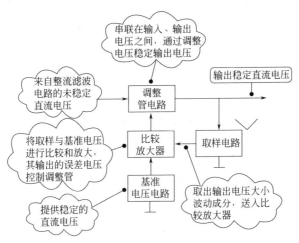

图 5-3　串联调整型稳压电路方框图

教你快速看懂电子电路图

5.2.1 串联调整型稳压电路组成

图 5-4 所示电路为串联型稳压电路基本原理图，它由以下四部分组成。

（1）采样电路

由电位器 R_1 和电阻 R_2 组成的分压电路，它将输出电压 U_O 的一部分作为采样电压 U_F，送到运放的反相输入端。

（2）基准电压

由电阻 R_3 和稳压管 VD_Z 组成的稳压电路，其提供一个稳定的基准电压 U_Z 送至运放的同相输入端，作为调整和比较的标准。

（3）比较放大电路

运放 A 作为比较放大之用，它将基准电压 U_Z 和采样电压 U_F 之差放大后去控制调整管 VT。

（4）调整环节

VT 为工作在线性区的功率管，其基极电压 U_B 即为运放的输出电压，由它来改变调整管的集电极电流 I_C 和管压降 U_{CE}，从而达到自动调整稳定输出电压的目的。

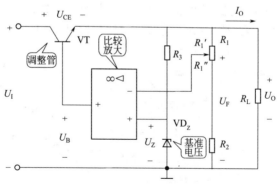

图 5-4　串联型稳压电路

5.2.2 串联调整型稳压电路的工作原理

当电源电压或负载电阻的变化使输出电压 U_O 升高时，由图 5-4 可知，$U_F = U_- = \dfrac{R_1'' + R_2}{R_1 + R_2} U_O$，$U_F$ 也就升高。

调整管的基极电位 $U_B = A_{uo}(U_Z - U_F)$，可见 U_B 随之减小，其稳压过程为：

$$U_O \uparrow \to U_F \uparrow \to U_B \downarrow \to I_C \downarrow \to U_{CE} \uparrow$$
$$U_O \downarrow \longleftarrow$$

使 U_O 保持稳定。当输出电压降低时，其稳定过程相反。

图 5-4 所示电路引入的是串联电压负反馈，故称为串联型稳压电路。从上面的分析可以看到，调整管就像一个自动的可变电阻。当输出电压增大时，它的导通度会减小，C、E 间的内阻最大，使增大的电压全部降在调整管的 C、E 之间，使 U_O 保持稳定。当输出电压减小时，调整过程相反，也可确保 U_O 保持稳定。

改变电位器就可调节输出电压。根据同相比例运算电路可知

$$U_O \approx U_B = (1 + \frac{R'_1}{R''_1 + R_2})U_Z$$

5.2.3 串联型稳压电源应用电路

（1）采用三极管的稳压电源电路

图 5-4 所示的稳压电路采用运算放大器作为放大器件，在有些稳压电路中还采用三极管作为放大器件，如图 5-5 所示。

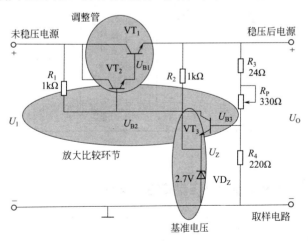

图 5-5　采用三极管的稳压电源电路

当U_I增加或输出电流减小使U_O升高时，电路中的电压就会遵循如下规律进行变化：

$$U_O\uparrow \rightarrow U_{B3}\uparrow \rightarrow U_{BE3}=(U_{B3}-U_Z)\uparrow$$
$$U_O\downarrow \leftarrow \quad\quad\quad U_{C3}(U_{B2})\downarrow$$

调整图 5-5 所示取样电路中各电阻的比值（通常调整可调电阻的阻值）即可达到改变输出电压的目的。

（2）由分立元件组成的串联型稳压电源

图 5-6 所示电路是由分立元件组成的串联型稳压电源电路。

图 5-6 所示电路的整流部分为单向桥式整流、电容滤波电路。稳压部分为串联型稳压电源，由调整管 VT_1、比较放大器 VT_2、R_7，取样电阻 R_1、R_2、R_P，基准稳压管 VDW、R_3，过流保护电路 VT_3 及电阻 R_4、R_5、R_6 等组成。整个稳压电路是一个具有电压串联负反馈的闭环系统。其稳定过程如下：当电网电压波动或负载变动引起输出直流电压发生变化时，取样电路取出输出电压的一部分送入比较放大器，并与基准电压进行比较，产生的误差信号经 VT_2 放大后送至调整管 VT_1 的基极，使调整管改变其管压降，以补充输出电压的变化，从而达到稳定输出电压的目的。

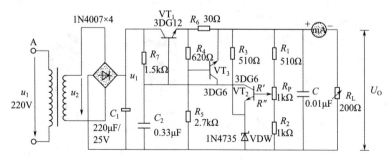

图 5-6　由分立元件组成的串联型稳压电源电路

在稳压电路中，由于调整管与负载串联，因此流过它的电流与负载电流一样大。当输出电流过大或发生短路时，调整管会因电流过大或电压过高而损坏，所以需要对调整管加以保护。晶体管

VT_3 和电阻 R_4、R_5、R_6 组成减流型保护电路。此电路设计在 I_{OP} $=1.2I_O$(I_{OP} 为启动保护电流，I_O 为输出电流）时开始起保护作用，此时输出电流减小，输出电压降低，排除故障后电路应能自动恢复正常工作。调试时，若保护作用提前，则应减小 R_6 的阻值；相反，若保护作用滞后，则应增大 R_6 的阻值。

稳压电源的输出电压调节范围 $U_O = \dfrac{R_1 + R_P + R_2}{R_2 + R''}(U_Z + U_{BE2})$，

调节 R_P 的阻值可以改变输出电压 U_O。

5.3 三端集成稳压电路

5.3.1 常用的三端稳压集成电路

三端固定集成稳压器是常用的一种中小功率集成稳压电路。目前，市场上流行的两大系列三端集成稳压器，即"W78××"系列和"W79××"系列。"W78××"系列输出正电压，如 7805 输出 +5V 电压；"W79××"系列输出负电压，如 7905 输出 −5V 电压。"W78××"系列和"W79××"系列中的后两位数"××"代表输出电压的高低。"W78××"系列输出的固定正电压有 5V、6V、9V、12V、15V、18V、24V 七个等级。"W79××"系列输出固定负电压，其参数与"W78××"系列基本相同。"W78××"系列和"W79××"系列封装形式有塑料封装和金属封装两种。

三端稳压集成电路是以三端稳压器为核心构成的一个稳定集成块，它对外只引出三个引脚，即输入脚、输出脚和接地脚，如图 5-7 所示。

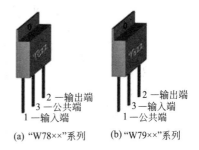

(a) "W78××"系列　(b) "W79××"系列

图 5-7　三端集成稳压器

表 5-1 所示为 78 系列三端稳压器的主要性能规格。

表 5-1　78 系列三端稳压器的主要性能规格

项目	符号	规格								单位
		7805	7806	7807	7808	7812	7815	7818	7824	
输出电压	U_{OUT}	4.8~5.2	5.7~6.3	6.7~7.3	7.7~8.3	11.5~12.5	14.4~15.6	17.3~18.7	23~25	V
输入稳定度	δ_{IN}	3	5	5.5	6	10	11	15	18	mV
负载稳定度	δ_{LOAD}	15	14	13	12	12	12	12	12	mV
偏压电流	I_{Q}	4.2	4.3	4.3	4.3	4.3	4.4	4.6	4.6	mA
纹波压缩度	R_{REJ}	78	75	73	72	71	70	69	66	dB
最小输入输出电压差	U_{D}	3	3	3	3	3	3	3	3	V
输出短路电流	I_{OS}	2.2	2.2	2.2	2.2	2.2	2.1	2.1	2.1	A
输出电压温度系数	T_{CVO}	−1.1	−0.8	−0.8	−0.8	−1.0	−1.0	−1.0	−1.5	mV/℃

　　国内典型产品为 CW×17 和 CW×37 系列，其中 17 系列输出正电压，37 系列输出负电压。输出电流分 0.1A、0.5A、1.5A 三挡，用 L、M 标记或无标记，"×"取 1、2、3，分别代表军用品、半军用品和民用品。

　　图 5-8 所示为 78/79 系列最基本的使用方法，最重要的是必须在输入侧、输出侧分别接入电容器，输入侧的电容器 C_1 用于提高 IC 动作的稳定性，通常相当于整流电路的平滑大容量电容器。

　　如果在输出侧没有接入电容器 C_2，那么 IC 有可能产生振荡现象。三端稳压器的振荡频率为高频正弦波，且频率随接线长度变化而变化，对于稳定直流输出电压来说，高频振荡的危害类似于纹波。

　　因此为了防止发生振荡，最好在接近三端稳压器的输入输出端

接入电容器 C_1 和 C_2。

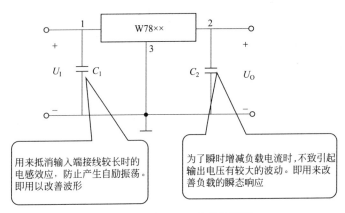

图 5-8 "W78×× "系列接线图

　　使用三端稳压器后，可使稳压电路变得十分简单，它只需在输入端和输出端上分别加一个滤波电容就可以了。在图 5-8 所示电路中，C_1 用以抵消输入端较长接线的电感效应，防止产生自励振荡，接线不长时也可不用。C_2 是为了瞬时增减负载电流时不致引起输出电压有较大的波动。C_1 一般在 $0.1 \sim 1\mu F$，如 $0.33\mu F$；C_2 可用 $1\mu F$。

5.3.2　三端集成稳压电路的扩展

　　在一些电子设备中，有些负载需要较高的电压或比较大的电流，而三端集成稳压电路又无法输出较高电压或较大电流，这时就需要对三端集成稳压电路进行扩展。

　　（1）可调式直流稳压电源电路

　　图 5-9 所示电路为可调式直流稳压电源电路。因集成运放 $U_+ \approx U_-$，故

$$U_O = (1 + \frac{R_2}{R_1})U_{××}$$

　　调节电位器 R_P 即可调整 R_2 与 R_1 的比值，就可调节输出电压 U_O 的大小。

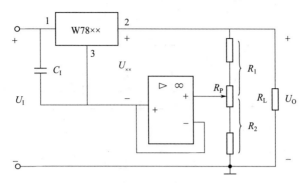

图 5-9　可调式直流稳压电源电路

（2）提高输出电压的稳压电路

图 5-10 所示电路是提高输出电压的稳压电路。

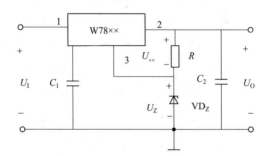

图 5-10　提高输出电压的稳压电路

由图可知，输出电压 $U_{\mathrm{O}} = U_{\times\times} + U_{\mathrm{Z}}$ 。

（3）增大输出电流电路

图 5-11 所示电路是增大输出电流的电路。其工作原理是：当 I_{O} 较小时，U_{R} 较小，VT 截止，$I_{\mathrm{c}} = 0$。当 $I_{\mathrm{O}} > I_{\mathrm{OM}}$ 时，U_{R} 较大，VT 导通，$I_{\mathrm{O}} = I_{\mathrm{OM}} + I_{\mathrm{c}}$ 。

（4）输出正负电源的稳压电路

在电子电路中，不仅需要正电源，而且需要负电源。79 系列的三端稳压器能用于负电源。如图 5-12 所示的电路那样，通过 78 系列正输出三端稳压器使电压稳定，然后以输出的正端为地，就可构成负输出端。

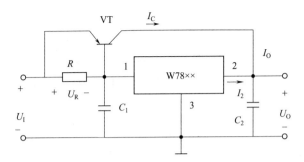

图 5-11　增大输出电流的电路

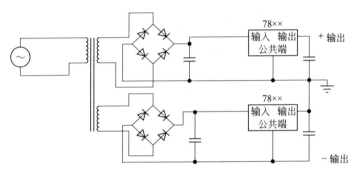

图 5-12　输出正负电源的稳压电路

（5）CW317 三端可调式集成稳压器应用电路

图 5-13 所示电路为 CW317 三端可调式集成稳压器的典型应用电路。其中 C_2、C_4 用以抑制高频干扰和防止产生自励振荡；C_2 是纹波旁路电容，用于提高稳压器的纹波抑制性能。VD_1、VD_2 是保护二极管，用来防止输入端或输出端短路时因 C_3、C_4 放电而击穿内部的调整管；电阻 R_1 和可变电阻 R_2 构成采样电路，电路的输出电压满足以下关系：

$$U_O = 1.25(1 + R_2/R_1)$$

调节可变电阻 R_2，就能使输出电压 U_O 在 $1.25 \sim 37V$ 范围内连续变化。

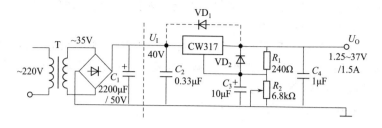

图 5-13　CW317 三端可调式集成稳压器应用电路

图 5-14 所示电路为三端可调式稳压器 CW317 和 CW337 构成的能同时输出连续可调正负电压的稳压电路。

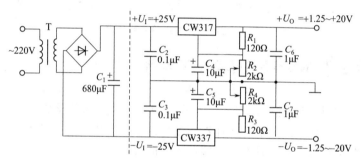

图 5-14　三端可调式集成稳压器正负可调稳压电路

5.4 五端集成稳压器

五端集成稳压器有可调式、低压差五端固定式和低压差五端可调式三种。

5.4.1 五端可调正电压单片稳压器

五端可调正电压单片稳压器典型产品有 DN-35 等，其内部结构框图如图 5-15（a）所示。DN-35 型稳压器由恒流源提供的基准电压，由反馈电压提供信号，误差放大器对输出变化作跟踪监测，并将测量结果随时送入调整管基极，实现对调整管的输出控制。

DN-35 型稳压器设有完善的保护电路，如输入过电压保护、安全工作区保护和过热保护等。

图 5-15（b）所示是一个五端可调稳压器引脚示意图。其输出脚的作用是：1 脚为输入端；2 脚为检测端；3 脚为接地端；4 脚为基准端；5 脚为输出端。

其典型应用如图 5-15（c）所示。

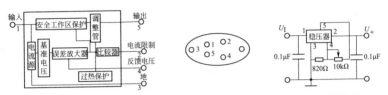

(a) DN-35型稳压器内电路框图　(b)五端可调集成稳压器引脚示意图 (c)应用电路

图 5-15　五端可调正电压单片稳压器 DN-35

5.4.2　低压差五端固定集成稳压器

低压差五端固定集成稳压器典型产品有 TLE4260 等，其内部电路如图 5-16 所示。TLE4260 集成稳压器主要由调整管、可调带隙基准、控制放大器、缓冲器、过压保护、过热保护、欠压保护及短路保护等组成，具有很强的抗干扰能力。

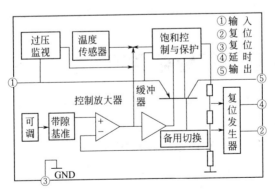

图 5-16　TLE4260 内部电路框图

5.4.3 低压差五端可调集成稳压器

低压差五端可调正电压单片稳压器典型产品有 LR6×× 系列。LR6×× 系列的内部电路如图 5-17 所示。

LR6×× 系列是一种高输入电压、低输出电流的线性集成稳压器。其特点是：输入、输出电压范围在 15～450V 之间，连续工作输出电流为 3mA，输出脉冲电流可达 30mA，外接一个 MOS 场效应管，输出电流可达 150mA；外接两个电阻可用来调整输出电压，输出电压的调整范围为 8～25V，自身耗电

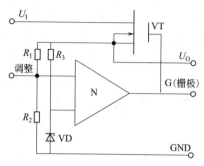

图 5-17　LR6×× 系列内部电路框图

为 50μA，线性调整率为 0.1mA/V，负载调整率为 50mV/mA，纹波抑制比为 60dB。

5.5 开关型稳压电源

5.5.1 开关型稳压电源基础知识

前面介绍的串联调整型稳压电路，具有输出稳定度高、输出电压可调、纹波系数小、线路简单、工作可靠等优点，而且有多种集成稳压器可供选用，是目前应用最广泛的稳压电路。但是，这种稳压电路的调整管总是工作于放大状态，一直有电流通过，故管子的功耗较大，电路的效率不高，一般只能达到 30%～50%。

下面介绍的开关型稳压电路则能克服上述缺点。在开关型稳压电路中，调整管工作在开关状态，管子交替工作在饱和与截止两种状态中，当管子饱和导通时，流过管子的电流虽然大，可是管压降很小；当管子截止时，管压降大，可流过的电流接近于零。所以调整管在开关工作状态下，本身的功耗很小。在输出功率相同条件下，开关型稳压电源比串联型稳压电源的效率高，一般可达80%～

90％。由于电路自身消耗的功率小，有时连散热片都不用，故体积小、重量轻。

开关型稳压电源也有不足之处，主要表现在输出纹波系数大。调整管不断在导通与截止之间转换，从而对电路产生射频干扰，电路比较复杂且成本较高。随着微电子技术的迅猛发展，大规模集成技术日臻完善。

开关型稳压电源种类繁多，如表 5-2 所示。

表 5-2　开关型稳压电源分类方法

分类方法	主要类型
按开关信号产生的方式	自励式
	他励式
	同步式
按所用器件	双极型晶体管型
	功率 MOS 管型
	场效应管型
	晶闸管型
按控制方式	脉宽调制（PWM）型
	脉频调制（PFM）型
	混合调制型
按开关电路的结构形式	降压型
	升压型
	反相型
	变压器型
按开关调整管与负载的连接方式	串联型
	并联型

5.5.2　串联型开关稳压电源

串联型开关稳压电源是最常用的开关型稳压电源。图 5-18 所示为串联他励式单端降压型开关稳压电源的方框图和电路原理图。

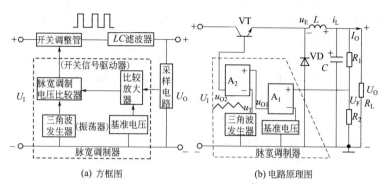

图 5-18　串联他励式单端降压型开关稳压电源的方框图及电路原理图

　　从图 5-18 可以看出，它与前述的串联调制型稳压电路相比，其中采样电路、比较放大器和基准电压与前述串联调制型稳压电路相同。不同之处在于开关脉冲发生器、开关调整管和储能滤波电路三部分。这三部分的电路功能如下。

　　（1）开关脉冲发生器

　　这部分电路一般由振荡器和脉宽调制电压比较器组成，产生开关脉冲。开关脉冲的宽度受比较放大器输出电压的控制。由于采样电路、基准电压和比较放大器构成的是负反馈系统，故输出电压 U_O 升高时，比较放大器输出的控制电压低，使开关脉冲变窄；反之，U_O 下降时，控制电压升高，开关脉冲变宽。

　　（2）开关调整管

　　它一般由功率管构成，工作在开关状态，开关调整管在开关脉冲的作用下导通或截止。开关脉冲的宽窄控制开关调整管导通与截止的时间比例，从而输出与之成正比的断续脉冲电压。

　　（3）储能滤波电路

　　这部分电路一般由电感 L、电容 C 和二极管 VD 组成，能把调整管输出的断续脉冲电压变成连续的平滑直流电压。当调整管导通时间长、截止时间短时，输出直流电压就高；反之则低。

除了串联型开关稳压电源外，常用的还有并联型开关稳压电源，如图 5-19 所示。电路中，开关管与输入电压和负载是并联的。下面简单分析这种典型电路的工作原理。

图 5-19（a）所示电路为并联型开关稳压电路的开关管和储能滤波电路。当开关脉冲为高电平时，开关管 VT 饱和导通，相当于开关闭合，输入电压 U_I 向电感储存能量，如图 5-19（b）所示。这时电容已充有电荷，极性为上正下负，因此二极管 VD 截止，负载 R_L 依靠电容 C 放电供给电流。

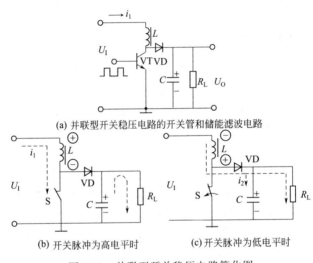

(a) 并联型开关稳压电路的开关管和储能滤波电路

(b) 开关脉冲为高电平时　　　　(c) 开关脉冲为低电平时

图 5-19　并联型开关稳压电路简化图

当开关脉冲为低电平时，开关管 VT 截止，相当于开关断开。由于电感 L 中的电流不能突变，这时电感 L 两端产生自感电动势，极性是上负下正，它和输入电压叠加使二极管 VD 导通，产生电流 i_2，向电容 C 充电的同时并向负载供电，如图 5-19（c）所示。当电感释放的能量逐渐减小时，就由电容 C 向负载放电，并很快转入开关脉冲高电平状态，再一次使 VT 饱和导通，由输入电压 U_I 向电感 L 输送能量。用这种并联型开关稳压电路可以组成不同电源变压器的开关稳压电路。

5.5.4 采用集成控制器的开关直流稳压电源

采用集成控制器是开关稳压电源发展趋势的一个重要方面。它使电路简化、使用方便、工作可靠、性能稳定。我国已经系列生产开关电源的集成控制器，它将基准电压源、三角波发生器、比较放大器和脉宽调制电压比较器等电路集成在一块芯片上，主要型号有SW3420、SW3520、CW1524、CW2524、CW3524、W2018、W2019 等。下面以 CW3524 集成控制器的开关稳压电源为例介绍其工作原理和使用方法。

图 5-20 所示为采用 CW3524 集成控制器的单端输出降压型开关稳压电源电路。该稳压电源 $U_O = +5V$，$I_O = 1A$。

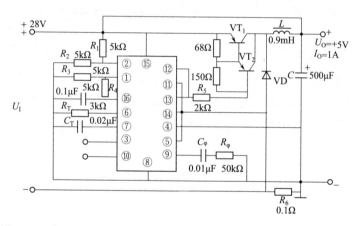

图 5-20 采用 CW3524 集成控制器的单端输出降压型开关稳压电源电路

CW3524 集成控制器共有 16 个端子。其内部电路包含基准电压、三角波振荡器、比较放大器、脉冲调制电压比较器、限流保护等主要部分。三角波振荡器的振荡频率由外接元件的参数来确定。CW3524 的①、②端子分别为比较放大器的反相和同相输入端；端子⑥、⑦分别为三角波振荡器外接振荡元件 R_T 和 C_T 的连接端；端子⑨为防止自励的相位校正元件 R_φ 和 C_φ 的连接端；端子⑮、⑧接输入电压 U_I 的正、负端；端子⑫、⑪和⑭、⑬为驱动调整管基极的开关信号的两个输出端，这两个输出端可单独使用，亦可并联使用，连接时一端接开关调整管的基极，另一端接端子⑧（地端）。

调整管 VT_1、VT_2 均为 PNP 型硅功率管，VT_1 选用为 3CD15，VT_2 选用为 3CG14。VD 为续流二极管。L 和 C 组成 LC 储能滤波器，其中 $L = 0.9\text{mH}$，$C = 500\mu\text{F}$。R_1 和 R_2 组成取样分压器电路，R_3 和 R_4 组成基准电压源的分压电路。R_5 为限流电阻，R_6 为过载保护取样电阻。

R_T 一般在 $1.8 \sim 100\text{k}\Omega$ 之间选取，C_T 一般在 $0.001 \sim 0.1\mu\text{F}$ 之间选取。控制器最高频率为 300kHz，工作时一般取 100kHz 以下。

CD3524 内部的基准电压源 $U_R = +5\text{V}$，由端子⑯引出，通过 R_3 和 R_4 分压，以 $\frac{1}{2}U_R = 2.5\text{V}$ 加在比较放大器的反相输入端端子①；输出电压 U_O 通过 R_1 和 R_2 的分压后以 $\frac{1}{2}U_O = 2.5\text{V}$ 加至比较放大器的同相输入端端子②，此时，比较放大器 $U_+ = U_-$，其输出 $u_{O1} = 0\text{V}$。调整管在脉宽调制电压比较器作用下，开关电源输入 $U_I = 28\text{V}$ 时，输出电压为标称值 $+5\text{V}$。

第6章

Chapter 6 ⑦

晶闸管应用电路

6.1 认识晶闸管

　　半导体元件除了二极管、三极管、场效应管以外，还有晶闸管、光电耦合器、集成电路等类型。晶闸管是晶体闸流管的简称，原名可控硅整流器（SCR），简称可控硅，其派生器件有双向晶闸管和可关断晶闸管。晶闸管的出现，使半导体器件从弱电领域进入强电领域。晶闸管的制造和应用技术发展迅速，主要用于整流、逆变、调压、开关等方面，应用最多的还是晶闸管可控整流。

　　晶闸管的分类如下。

$$按功率分\begin{cases}大功率晶闸管（电流容量在50A以上）\\中功率晶闸管（电流容量在5～50A）\\小功率晶闸管（电流容量在5A以下）\end{cases}$$

$$按特性分\begin{cases}单向晶闸管（电流只能单向流通）\\双向晶闸管（电流能双向流通）\end{cases}$$

6.1.1　单向晶闸管

　　（1）结构与外形

　　单向晶闸管的外形与三极管相似，但内部结构不一样，它是具有三个 PN 结的四层结构的器件，如图 6-1（a）所示，引出的电极分别为阳极 A、阴极 K 和控制极（或称门极）G。单向晶闸管的结构可等效为两个三极管，如图 6-2（b）所示。

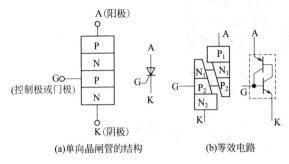

(a)单向晶闸管的结构　　　　(b)等效电路

图 6-1　单向晶闸管的结构及等效电路

图 6-2 所示为单向晶闸管的外形，其中直插型晶闸管用于小电流控制的设备，螺栓型晶闸管主要用于中小型容量的设备中，而平板型晶闸管主要用于 200A 以上大电流的设备中。

螺栓型晶闸管　　　　　　晶闸管模块

平板型晶闸管

图 6-2　几种普通晶闸管的外形

（2）工作特性

单向晶闸管具有可控的单向导电性。如图 6-3 所示的电路中，只有图 6-3（b）所示的晶闸管正向导通，灯泡点亮，另两种接法，晶闸管都不导通。

图 6-3（a）所示电路中，晶闸管阳极接电源的正极，阴极经白

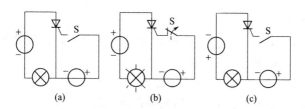

图 6-3　晶闸管导通实验电路

炽灯接电源的负极，此时晶闸管承受正向电压。控制极电路中开关S断开（不加电压）。这时灯不亮，说明晶闸管不导通。

　　图 6-3（b）所示电路中，晶闸管的阳极和阴极之间加正向电压，控制极相对于阴极也加正向电压，这时灯亮，说明晶闸管导通。

　　晶闸管导通后，如果去掉控制极上的电压［将图 6-3（b）中的开关 S 断开］，灯仍然亮。这表明晶闸管继续导通，即晶闸管一旦导通后，控制极就失去了控制作用。

　　图 6-3（c）所示电路中，晶闸管的阳极和阴极之间加反向电压，无论控制极加不加电压，灯都不亮，晶闸管截止。

　　如果控制极加反向电压，晶闸管阳极回路无论加正向电压还是反向电压，晶闸管都不导通。

　　综上所述，晶闸管的导通和截止相当于开关的闭合和断开，只是它的开、合是有条件的，所以用它构成各种控制电路。晶闸管导通必须同时具备两个条件：①晶闸管的阳极和阴极间加正向电压；②控制极电路加适当的正向电压（实际工作中，控制极加正触发脉冲信号）。

　　（3）单向晶闸管通、断转换条件

　　通过前面的分析可以知道，晶闸管的通、断工作状态是随着阳极电压、阳极电流和控制极电流等条件相互转换的，具体见表 6-1。

表 6-1　单向晶闸管通、断转换条件

由断到通的条件	维持导通条件	由通到断的条件
①阳极与阴极加正向电压 ②控制极与阴极间也加足够的正向电压	①阳极与阴极加正向电压 ②阳极电流大于维持电流	①阳极与阴极加反向电压 ②阳极电流小于维持电流
以上两条件需同时具备	以上两条件需同时具备	以上两条件具备其中一个

（4）主要参数

① 额定正向平均电流。在规定环境温度和散热条件下，允许通过阳极和阴极之间的电流平均值。

② 维持电流。在规定环境温度、控制极断开的条件下，保持晶闸管处于导通状态所需要的最小正向电流。

③ 门极触发电压。在规定环境温度及一定正向电压条件下，使晶闸管从阻断到导通，控制极所需的最小电压，一般为 $1\sim5\mathrm{V}$。

④ 门极触发电流。在规定环境温度即一定正向电压条件下，使晶闸管从阻断到导通，控制极所需的最小电流，一般为几十到几百毫安。

⑤ 正向重复峰值电压。在控制极断路和晶闸管正向阻断的条件下，可以重复加在晶闸管两端的正向峰值电压，称为正向重复峰值电压。

⑥ 反向重复峰值电压。在控制极断路时，可以重复加在晶闸管上的反向峰值电压。

6.1.2 双向晶闸管

（1）结构和外形

双向晶闸管是具有四个 PN 结的 NPNPN 五层结构的器件，它相当于上述的两个晶闸管反向并联。如图 6-4 所示的是双向晶闸管的结构示意图、符号。A_1、A_2 和 G 分别为第一电极、第二电极和控制极。

图 6-5 所示为双向晶闸管的外形示意图。

（2）工作特性

双向晶闸管可控制双向导通电流，它的两个主电极无论加正向电压还是反向电压，其控制极的触发信号无论是正向还是反向，晶闸管都能触发导通。

G 与 A_1 间加触发脉冲，能双向触发导通。当 A_2 为高电位，A_1 为低电位时，加正触发脉冲（$u_{GA1} > 0\mathrm{V}$），使晶闸管正向导通，电流从 A_2 流向 A_1；当 A_1 为高电位，A_2 为低电位时，加负触发脉冲（$u_{GA1} < 0\mathrm{V}$），使晶闸管反向导通，电流从 A_1 流向 A_2。

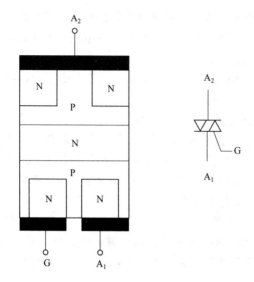

图 6-4　双向晶闸管的结构示意图和符号

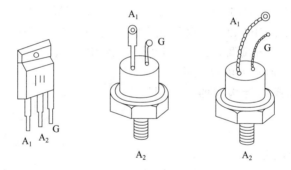

图 6-5　双向晶闸管的外形

　　双向晶闸管一旦导通，即使失去触发电压，也能维持导通。只有将 A_1、A_2 间的电压或电流降低到不足以维持导通，或 A_1、A_2 间电压降低的同时，又失去触发电压才能阻断。

　　（3）晶闸管使用注意事项

　　① 注意晶闸管的散热条件，一般 5A 以上的管子都要安装散热器，并使散热器与晶闸管之间接触良好。特大功率的晶闸管，要按

规定进行风冷或水冷。当晶闸管实际使用不能满足标准冷却条件和环境温度时，应降低晶闸管的允许工作电流。20A 以下靠空气自然冷却，30A 以上一般需要风冷。

② 代换晶闸管时，管子的外形、尺寸要相同，例如螺栓型的不能用平板型的代换。

③ 晶闸管的开关速度要基本一致，一般快速的可以代换普通的。

④ 选用或代换管子时，管子的参数不必要留过大的余量，因为过大的余量不仅浪费，有时还会起不好的作用。例如，额定电流提高后，其触发电流、维持电流等参数也会相应提高，可能导致更换后不能正常工作的情况。

⑤ 有些小功率晶闸管的外壳上有色点，这些色点表示了晶闸管的触发电流级别，常用红、橙、黄、绿、蓝、紫、灰七色表示，红色点到灰色点触发电流依次增大，代换时应选用相同或相近色点的管子。

（4）应用电路

常用的双向晶闸管有 MAC97A6、MAR97A4、MAC91-8、SM30D11、SM16D12 等。双向晶闸管广泛应用于交流调压、交流无触点开关、灯光亮度调节及固态继电器等电路中。

图 6-6 所示为由双向触发二极管和双向晶闸管构成的交流调压电路。

电路工作过程如下。

在交流电压 u 为正半周时，u 的极性为上正下负，该电压经负载 R_L、电位器 R_P 对电容 C 充电，在电容 C 上充得上正下负的电压。当 C 的上正下负电压达到一定值时，该电压使双向触发二极管 VD 导通，电容 C 的正电压经 VD 送到 VT 的 G 极，VT 的 G 极电压较主极 A_1 的电压高，VT

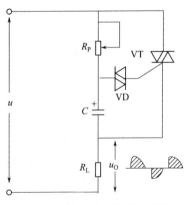

图 6-6　由双向触发二极管和双向晶闸管构成的交流调压电路

被正向触发，A_2、A_1 之间随之导通，有电流经过负载 R_L。在交流电压 u 过零时，流过晶闸管 VT 的电流为零，VT 由导通转入截止。

在交流电压 u 为负半周时，u 的极性为上负下正，该电压对电容 C 反向充电，先将上正下负的电压中和，然后充得上负下正电压。随着充电的进行，当 C 的上负下正电压达到一定值时，该电压使双向触发二极管 VD 导通，上负电压经 VD 送到 VT 的 G 极，VT 的 G 极电压较主极 A_1 的电压低，VT 被反向触发，A_2、A_1 之间随之导通，有电流经过负载 R_L。在交流电压 u 过零时，流过晶闸管 VT 的电流为零，VT 由导通转入截止。

从以上分析可知，只有在晶闸管导通期间，交流电压才能加到负载两端，晶闸管导通时间越短，负载两端得到的交流电压有效值越小，而调节电位器 R_P 的值可以改变晶闸管的导通时间，进而改变负载上的电压。如 R_P 滑动端下移，R_P 阻值变小，交流电压 u 经 R_P 对电容 C 的充电电流变大，C 上的电压很快上升到双向触发二极管导通的电压值，晶闸管导通提前，导通时间长，负载上得到的交流有效值高。

6.1.3 可关断晶闸管

上述的普通晶闸管是半控器件，只能用控制极正信号使之触发导通，而不能用控制极负信号使之关断。在某些大型设备中要想关断晶闸管，必须设置专门的换流电路，这就造成线路复杂、体积庞大、能耗增大。而可关断晶闸管（GTO），既能用控制极正信号使之触发导通，又能用控制极负信号使之关断，这就是全控器件，其全控示意图如图 6-7 所示。

GTO 和普通晶闸管都是 PNPN 四层结构，都可用两个晶体管相互作用来说明它们的工作原理。普通晶闸管的控制极加正信号后，形成强烈的正反馈，使它处于深度饱和状态，控制极加负信号后不能改变它的饱和状态，因此无法关断。而 GTO 两个晶体管的放大参数和前者有所不同，控制极加正信号后，只能使管子处于临界导通状态，当控制极加负信号后，两个晶体管的基极电流和集电极电流联锁循环减小，最后导致关断。

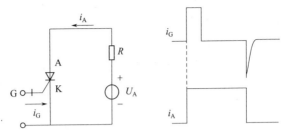

图 6-7 GTO 全控示意图

此外，在结构上 GTO 和普通晶闸管也有不同之处。GTO 的阴极细分成许多个，每个阴极都被控制极围住，一个 GTO 由这些小 GTO 单元并联而成。这样，负的控制极电流能达到整个阴极面，以使 GTO 容易关断。

6.2 晶闸管触发电路

晶闸管由截止转为导通，除了阳极与阴极之间加正向电压外，还必须在控制极加正向触发电压，提供正向触发电压的电路称为触发电路。触发电路产生的信号称为触发信号，触发信号可以是直流信号、交流信号或脉冲信号，其中最常用的触发信号是脉冲信号。

6.2.1 可变电阻触发电路

图 6-8 所示电路为可变电阻触发电路。改变 R_P 的数值即可改变晶闸管的触发相位，该触发电路适用于要求电压调节不大的场合。

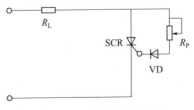

图 6-8 可变电阻触发电路

6.2.2 阻容触发电路

阻容触发电路如图 6-9 所示，电源经负载 R_L 降压、VC 整流，给单向晶闸管加上正向电压，同时又通过电位器 R_P 向电容器 C 充电，电容端电压不断升高，当电容器 C 的端电压上升到晶闸管 V 控制极的触发电压时，晶闸管导通。调节 R_P 或改变电容器 C 的容量，可调节电容端电压达到晶闸管控制极最小触发电压的时间，但 R_P 的阻值和电容器 C 的容量不能过大或过小，若取小容量的电容器，应选大阻值的电阻器，否则影响晶闸管的导通时间。

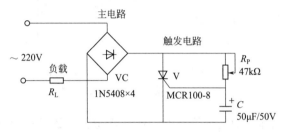

图 6-9　阻容触发电路

6.2.3 阻容元件和稳压管构成的触发电路

电路如图 6-10 所示，该触发电路利用稳压管反向击穿时的转折电压形成触发电压。在电源电压的正半周，电源通过二极管 VD 整流获得脉动直流电压，该电压通过电位器 R_P 向电容器 C 充电，当电容器上的电压超过稳压管 VS 的反向击穿电压时，稳压管反向击穿为晶闸管提供正向触发信号，使晶闸管 V 导通。

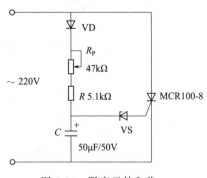

图 6-10　阻容元件和稳压管构成的触发电路

6.2.4 单结晶体管触发电路

触发电路的种类很多，最常用的就是单结晶体管触发电路。

（1）单结晶体管

单结晶体管也称为双基极二极管，因为它有一个发射极和两个基极，是一种具有一个 PN 结和两个欧姆电极的负阻半导体器件。

单结晶体管可分为 N 型基极单结晶体管和 P 型基极单结晶体管两大类，具有陶瓷封装和金属封装等形式。它的外形和普通晶体管相似，图 6-11 所示为常见单结晶体管。

陶瓷封装   金属壳封装

图 6-11 单结晶体管的外形

单结晶体管的文字符号为"V"，图形符号如图 6-12 所示。

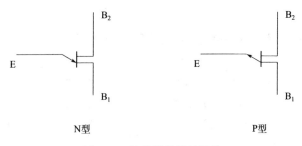

N型   P型

图 6-12 单结晶体管的符号

单结晶体管共有三个引脚，图 6-13 所示为两种典型单结晶体管的引脚排列。

图 6-14（a）所示为单结晶体管的结构示意图，从图中可以看出，N 型基极单结晶体管有一个 PN 结和一个 N 型硅片，在

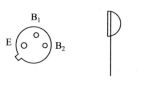

图 6-13 单结晶体管的引脚

PN结的P型半导体上引出的电极为发射极 E，在硅片的两端分别引出第一基极 B_1 和第二基极 B_2。基极 B_1、B_2 之间的N型硅片可以等效为一个纯电阻，其阻值一般在 $2 \sim 15k\Omega$ 之间。B_1-E 间电阻 R_{B1} 随发射极电流 I_E 变化，E-B_2 间的电阻 R_{B2} 与发射极电流 I_E 无关。

单结晶体管可用图6-14（b）所示等效电路来表示。R_{B1} 为第一基极与发射极间的电阻，其值随发射极电流 I_E 的大小而改变，R_{B2} 为第二基极与发射极间电阻。$R_{B1} + R_{B2} = R_{BB}$。当基极间加电压 U_{BB} 时，R_{B1} 上分得的电压为

$$U_{B1} = \frac{U_{BB}}{R_{B1} + R_{B2}}R_{B1} = \frac{R_{B1}}{R_{BB}}U_{BB} = \eta U_{BB}$$

式中，η 称为分压比，与管子结构有关，为 $0.5 \sim 0.9$。

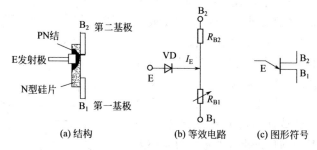

(a) 结构　　　　　(b) 等效电路　　　　　(c) 图形符号

图 6-14　单结晶体管

发射极与两个基极之间的 PN 结可用一个等效二极管 VD 来表示。图 6-14（c）所示是单结晶体管的图形符号。

图 6-15 所示的是单结晶体管伏安特性的实验电路。

单结晶体管伏安特性是指在基极 B_1、B_2 间加一恒定电压 U_{BB} 时，发射极电流 I_E 与电压 U_E 间的关系曲线。

调节 R_P，使 U_E 从零值开始逐渐增大。当 $U_E < U_A$ 时，PN 结因反向偏置而截止，E 与 B_1 间呈现很大的电阻，故只有很小的反向漏电流，对应这一段特性的区域称为截止区，如图 6-15 中的 AP 段所示。当 U_E 增加到 $U_E = U_A + U_D$（U_D 为 PN 结的正向导通压降，约为 0.7V）时，PN 结导通，发射极电流突然增大，这个突变点称之为峰点 P，与 P 点对应的电压和电流分别称为峰点电压 U_P 和

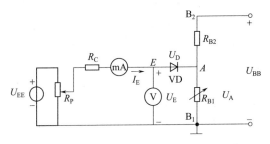

图 6-15 单结晶体管伏安特性的实验电路

峰点电流 I_P，显然

$$U_P = \eta U_{BB} + U_D$$

PN 结导通后，发射极电流 I_E 增长很快，R_{B1} 急剧减小，E 与 B_1 间变成低电阻导通状态，U_E 也随之下降，一直达到图 6-16 中的最低点 V。PV 段的特性与一般情况不同：电流增加，电压反而下降，单结晶体管呈负阻特性，对应该段特性的区域称为负阻区。V 点称为谷点，与 V 点对应的电压和电流分别称为谷点电压 U_V 和谷点电流 I_V。此后，发射极电流 I_E 继续增大时，电压 U_E 变化

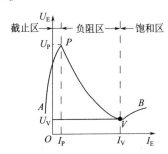

图 6-16 单结晶体管伏安特性曲线

不明显，这个区域称为饱和区，如图 6-16 中的 VB 段。

综上所述，单结晶体管具有以下特点。

① 当发射极电压 U_E 等于峰点电压 U_P 时，单结晶体管导通；导通之后，当发射极电压 U_E 小于谷点电压 U_V 时，单结晶体管就恢复截止。

② 单结晶体管的峰点电压 U_P 与外加电压 U_{BB} 和管子的分压比 η 有关。对于分压比 η 不同的管子，或者外加电压 U_{BB} 的数值不同时，峰点电压 U_P 也就不同。

③ 不同单结晶体管的谷点电压 U_V 和谷点电流 I_V 都不一样。谷点电压 U_V 为 2～5V。

（2）单结晶体管振荡电路

利用单结晶体管的负阻特性和 RC 电路的充、放电原理，可组成频率可调的振荡电路，如图 6-17（a）所示。其输出电压 u_G 可为晶闸管提供触发脉冲。

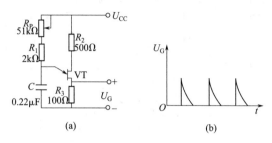

(a)　　　　　　　　(b)

图 6-17　单结晶体管触发脉冲产生电路

电源接通后，U_{CC} 通过可变电阻器 R_P 和电阻器 R_1 向电容器 C 充电，当满足单结晶体管的导通条件时，单结晶体管导通，电容器 C 上的电压通过 R_3 迅速放电，放电电流会在电阻器 R_3 两端输出一个很窄的正脉冲 U_G。

随着电容器 C 的放电，电容器上的电压 U_C 下降，当 U_C 下降到一定值时，单结晶体管截止，放电结束。此后，电源 U_{CC} 又通过 R_P、R_1 向电容器 C 充电，重复上述过程，形成张弛振荡现象，这样就在 R_3 上形成正脉冲，如图 6-17（b）所示。调整 R_P 阻值的大小，可改变电容器 C 的充电常数，从而调整输出脉冲的频率。

（3）单结晶体管触发电路

单结晶体管振荡电路不能直接作为触发电路，因为可控整流电路中的晶闸管在每次承受正向电压的半周内，接受第一个触发脉冲的时刻应该相同，也就是每半个周期内，晶闸管的导通角应相等，这样才能保证整流后输出电压波形相同并被控制。因此，在可控整流电路中，必须解决触发脉冲与交流电源电压同步的问题。

由单结晶体管触发的单相半控桥式整流电路如图 6-18 所示。变压器将主电路和触发电路接在同一交流电源上。变压器原边电压 u_1 是主电路的输入电压，变压器副边电压 u_2 经整流、稳压二极管

VD_W 削波转换为梯形波电压 u_W 后作为触发电路的电源。

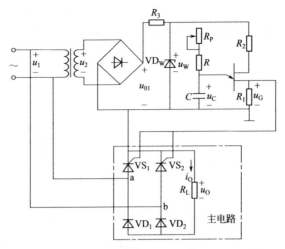

图 6-18　由单结晶体管触发的单相半控桥式整流电路

　　每当主电路的交流电源电压过零值时单结晶体管上的电压 u_W 也过零值，两者达到同步，如图 6-18 所示。变压器被称为同步变压器。

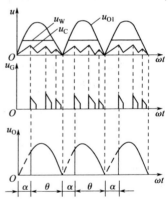

图 6-19　单结晶体管触发电路各电压波形图

　　当梯形波电压 u_W 过零值时，加在单结晶体管两基极间的电压 U_{BB} 为零，则峰点电压 $U_P \approx \eta U_{BB} = 0$，如果这时电容器 C 上的电压 u_C 不为零值，就会通过单结晶体管及电阻 R_1 迅速放完所存电荷，保证电容 C 在电源每次过零值后都从零开始充电。只要充电电阻 R 不变，触发电路在每个正半周内，由零点到产生第一个触发脉冲的时间就不变，从而保证了晶闸管每次都能在相同的控制角下触发导通，实现了触发脉冲与主电路的同步。电路中各电压波形如图 6-19 所示。

图 6-18 中，稳压二极管 VD_W 与 R_3 组成的削波电路，其作用是保证单结晶体管输出脉冲的幅值和每半个周期内产生第一个触发脉冲的时间不受交流电源电压波动的影响，并可增大移相范围。

6.3 单向晶闸管应用电路

利用控制极触发信号对晶闸管的控制作用，可控制晶闸管的导通时间，所以晶闸管广泛应用于可控整流、交流开关、自动调速电路中。

6.3.1 单相半波可控整流电路

将半波整流电路中的整流二极管换成晶闸管，并在控制极和阴极间接上触发电路，就构成了单相半波可控整流电路，其电路原理及输出波形如图 6-20 所示。图 6-20 中 α 为控制角，从晶闸管开始承受正向电压起到加上触发脉冲这一电角度称为控制角。θ 为导通角，它是指晶闸管导通的电角度。

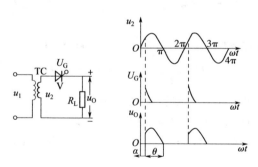

图 6-20　单相半波可控整流电路

① 在变压器二次侧电压 u_2 为正半周时，晶闸管 V 承受正向电压，若此时没有触发电压，则负载电压 $u_O = 0$。

② 在 $\omega t = \alpha$ 时给控制极加上触发电压 u_G，晶闸管具备导通条件而导通，由于晶闸管的正向压降很小，可以忽略不计，因此 $u_O = u_2$。

③ 在 $\alpha < \omega t < \pi$ 期间，晶闸管保持导通，负载电压 u_O 与二次侧电压基本相等，故 $\theta = \pi - \alpha$。

④ 当 u_2 过零时，晶闸管自行关断。

应该指出，上述相控的方法只能是滞后触发，即使是电阻负载，对交流电源来说，变压器二次侧电流 i_2 总是滞后于电压 u_2，相当于一个感性负载吸取滞后的无功电流。显然，α 角越大，i_2 滞后于 u_2 的角度就越大，其功率因数 $\cos\varphi$ 就越低。

6.3.2 单相桥式可控整流电路

图 6-21 所示为单相桥式可控整流电路，它主要由整流电路和触发电路两部分组成。整流主电路与二极管全波整流电路一样，只是将两个整流二极管换成了两个晶闸管。

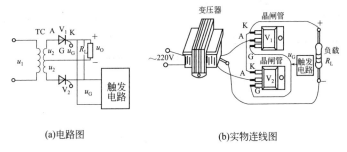

(a)电路图　　　　　　　(b)实物连线图

图 6-21　单相桥式可控整流电路

在 u_2 的正半周，晶闸管 V_1 承受正向电压，若此时没有触发电压，则负载电压 $u_O = 0$。当给控制极加上触发电压 u_G 后，晶闸管 V_1 因受到触发而导通，电流从上向下流过负载，在负载上得到上正下负的电压。

在 u_2 过零时，晶闸管 V_1 自行关断。在 u_2 的负半周，若没有触发电压 u_G，晶闸管 V_2 虽承受正向电压也不能导通，负载电压 $u_O = 0$。当触发电压 u_G 到来后，晶闸管 V_2 导通，电流方向也是至上而下流过负载，在负载上得到上正下负的电压。

以后，电路将重复以上过程。

除上述整流电路外，还有单相桥式半控整流、单相桥式全控整流等。图6-22所示为单相桥式全控整流电路原理图。

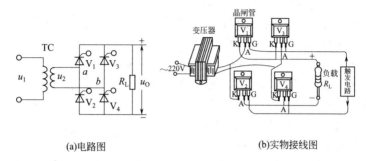

(a)电路图   (b)实物接线图

图6-22   单相桥式全控整流电路

晶闸管 V_1 和 V_4 组成一对桥臂，晶闸管 V_2 和 V_3 组成另一对桥臂。当变压器二次侧电压 u_2 为正半周时（即 a 端为正，b 端为负），在控制角为 α 处给 V_1 和 V_4 以触发脉冲，V_1 和 V_4 即导通，这时电流从电源 a 端经 V_1、R_L、V_4 流回电源 b 端。这期间，晶闸管 V_2 和 V_3 均承受反向电压而截止。当电源电压过零时，电流也降到零，V_1 和 V_4 关断。

在电源电压的负半周，仍在控制角为 α 处给 V_2 和 V_3 以触发脉冲，则 V_2 和 V_3 导通。电流从 b 端经 V_3、R_L、V_2 流回电源 a 端。到一周期结束时电压过零，电流也亦降至零。很显然，上述两组触发脉冲在相位上应相差180°，以后又是 V_1 和 V_4 导通，如此循环工作下去。

由于负载在两个半波中都有电流流过，属全波整流。一个周期内整流电压脉动二次，脉动程度比半波时要小。

整流输出电压的平均值为

$$u_O = 0.9 U_2 \frac{1 + \cos\alpha}{2}$$

它是半波整流的两倍。当 $\alpha = 0°$ 时，相当于不可控桥式整流，此时输出电压最大。即 $u_O = 0.9 U_2$。当 $\alpha = 180°$ 时，输出电压为零，故晶闸管可控移相范围为 $180°$。

6.3.4 单相桥式半控整流电路

在单相桥式全控整流电路中，采用两个晶闸管同时导通来规定电流流通的路径。如果仅是用于整流工作状态，实际上每个支路只需一个晶闸管就能控制导通的时刻，另一个可采用硅整流管来限定电流的路径，这样可使线路更简单。把图 6-22 中的 V_2

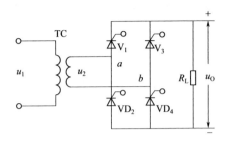

图 6-23　单相桥式半控整流电路

和 V_4 换成硅整流管 VD_2 和 VD_4，便可组成如图6-23所示的桥式半控整流电路。

半控整流电路在电阻性负载时的工作情况与全控电路时完全相同，其参数计算亦相同。如果是电感性负载，应在电感性负载两端并联续流二极管，如图 6-24 所示。

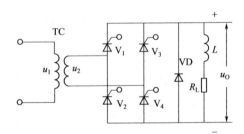

图 6-24　单相桥式半控整流电路电感性负载时的电路

6.3.5 单向晶闸管交流调压电路

单向晶闸管通常与单结晶体管配合组成调压电路，如图 6-25 所示。电路工作过程如下。

在合上电源开关 S 后，交流电压 u 通过 S、灯泡 EL 加到桥式整流电路输入端。当交流电压为正半周时，交流电压 u 的极性是上正下负，VD_1、VD_4 导通，有较小的电流对电容 C 充电，电流路径是：u 上正→EL→VD_1→R_1→R_4→R_P→C→VD_4→u 下负；当交流电压为负半周时，交流电压 u 的极性是上负下正，VD_2、VD_3 导通，有较小的电流对电容 C 充电，电流路径是：u 下正→VD_2→R_1→R_4→R_P→C→VD_3→EL→u 上负。交流电压 u 经整流电路对 C 充得上正下负电压，随着充电的进行，C 上的电压逐渐上升，当电压达到单结晶体管 V_1 的峰值电压时，V_1 的 E 极与 B_1 之间马上导通，C 通过 V_1 的 B_1-E 结、R_6 和 VT_1 的发射结、R_3 放电。放电电流使 VT_1 的发射结导通，VT_1 的集-射极之间也导通，VT_1 发射极电压 u_{E2} 升高，u_{E2} 电压经 R_2 加到晶闸管 V_2 的 G 极，V_2 导通。V_2 导通后，有大电流经整流电路和晶闸管 V_2 流过灯泡 EL，在交流电压 u 过零时，流过 V_2 的电流为零，V_2 自动关断。

从上面的分析可知，只有晶闸管导通时才有大电流流过负载，晶闸管导通时间越长，负载上的有效电压值 u_L 越大。也就是说，只要改变晶闸管的导通时间，就可以调节负载上交流电压有效值的大小。调节电位器 R_P 可以改变晶闸管的导通时间，如使 R_P 滑动端上移，R_P 阻值变大，对 C 充电电流减小，C 上电压升高到 V_1 的峰值电压所需时间变长，晶闸管 V_2 截止时间会维持较长时间，即晶闸管截止时间长，导通时间相对会缩短，负载上交流电压有效值会减小。

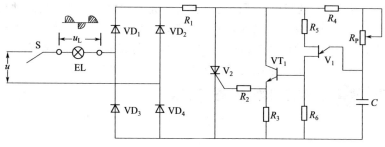

图 6-25　单向晶闸管交流调压电路

6.4 双向晶闸管应用电路

6.4.1 双向晶闸管调光灯电路

图 6-26 所示为双向晶闸管应用电路，电路中 VD 为双向触发二极管；V 为双向晶闸管；R_P 为带开关的电位器；EL 为灯泡。

调节 R_P 使开关 S 闭合。当交流电源处于正半周时，电源通过 R_P、R_1 对电容器 C 进行充电，电容器 C 上的电压极性为上正下负，当此电压增大到双向触发二极管 VD 的导通电压时，双向晶闸管 V 导通，之后在交流电源过零的瞬间，双向晶闸管自行阻断。

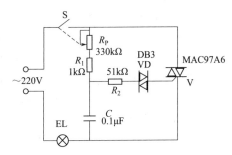

图 6-26　双向晶闸管调光灯电路

当交流电源处于负半周时，电容器 C 反向充电，电压极性为上负下正，当此电压增大到 VD 的转折电压时，双向触发二极管反相导通，双向晶闸管 V 受到触发也迅速导通。

调节 R_P 的阻值，可改变电容器的充电常数，即可改变脉冲出现时刻，也就改变了晶闸管的导通角，从而改变加到负载两端电压的大小。该电路的负载可以是灯泡、电热器等电器，起到调光、调速、调热等目的（根据负载的不同）。

6.4.2 亮度可调的光控路灯电路

图 6-27 所示为亮度可调的光控路灯电路，该电路主要包括双向晶闸管、光敏电阻器、双向触发二极管等电子元器件。电路中的开关 S 和电位器 R_P 为一体化结构（带开关的电位器），双向触发二极管 VD、电位器 R_P、光敏电阻器 R_G、电容器 C 共同组成阻容移相触发器。

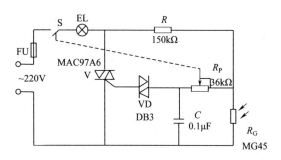

图 6-27　亮度可调的光控路灯电路

在白天，光敏电阻器 R_G 受自然光线照射而呈低阻状态，R_G 两端的电压低，小于双向触发二极管 VD 的导通电压，双向触发二极管 VD 和双向晶闸管 V 都处于截止状态，灯泡 EL 不亮。

在夜晚，R_G 因无光照射而阻值增大，R_G 两端的电压增高，电源通过 EL、R 、R_P 向电容器 C 充电，当电容器 C 两端的电压上升到一定值时，双向触发二极管 VD 和双向晶闸管 V 先后导通，主电路接通，灯泡 EL 点亮。

调节 R_P 或更换电容器 C 可改变晶闸管的导通角，从而调节照明灯的亮度。若此灯不用，可调节带开关的电位器 R_P 将其关断。

6.4.3 　光控延长灯泡寿命电路

图 6-28 所示为光控延长灯泡寿命电路，此电路采用光敏电阻器作光控元件，但可使灯泡慢慢点亮，有利于延长灯泡的使用寿命。

白天光线较强，光敏电阻器 R_G 呈低阻，晶闸管 V 因控制极电压过低而关断，灯泡不亮；到了夜晚，光线较暗，光敏电阻器 R_G 呈高阻，晶闸管的控制极电压逐渐升高，晶闸管的导通角逐渐增大，照明灯慢慢点亮，这样就避免了直接加 220V 交流电对灯丝的冲击，从而延长了灯泡的使用寿命。

R_P 作为光控调节电位器，通过它可以调节光控灵敏度。

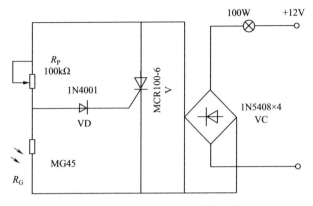

图 6-28　光控延长灯泡寿命电路

6.4.4　自动调光台灯电路

图 6-29 所示为自动调光台灯电路。该电路能根据周围环境自动调整台灯的亮度，防止光线过强、过弱给人眼造成伤害。

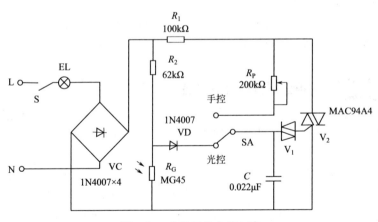

图 6-29　自动调光台灯电路

当开关处于"手控"位置时，调整 R_P 能改变晶闸管的导通角，从而调整台灯的亮度，这与普通台灯一样。

当开关处于"光控"位置时，电流由分压电阻 R_2 和光敏电阻

R_G 分压后经二极管 VD 向电容器充电。周围光照较强时，R_G 电阻小，电容器 C 的充电速度慢，晶闸管的导通角减小，照明灯 EL 的亮度由于灯泡两端电压降低而减弱；反之，照明灯亮度增加，从而实现自动调光。

第7章 Chapter 7 ?

集成运算放大器电路

7.1 集成运算放大器的基础知识

7.1.1 集成运算放大器的组成及工作原理

集成运算放大器(Integrated Operational Amplifier)简称集成运放,是由多级直接耦合的放大电路组成的高增益模拟电路。集成运算放大器的基本组成包括四部分,即输入级、中间级、输出级和偏置电路,如图7-1所示。

输入级是提高运输放大器质量的关键部分,要求输入电阻高、静态电流小、差模放大倍数高、零漂小,输入级都采用差分放大器构成,它有同相和反相两个输入端。

中间级主要是进行电压放大的,要求它的电压放大倍数高,一般由共发射极放大电路构成:其放大管采用复合管,以提高电流放大系数;集电极电阻常采用晶体管恒流源代替,以提高电压放大倍数。

输出级一般由互补对称电路或射极输出器构成,其输出电阻低、带负载能力较强,能输出足够大的电压和电流。

偏置电路的作用是为各级电路提供所需的电源电压、有源负载和恒流源等。

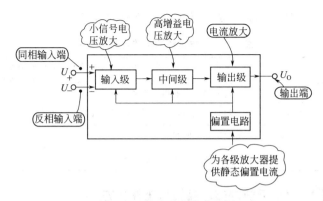

图 7-1 运算放大器的方框图

运算放大器的外形和符号

集成运算放大器的封装形式有双列直插式和圆壳式两种，如图
7-2 所示。

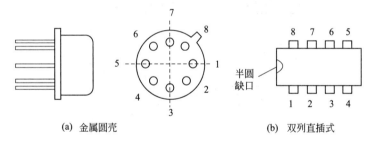

(a) 金属圆壳   (b) 双列直插式

图 7-2 运算放大器的封装形式

图 7-3 所示为集成运放的电路符号。

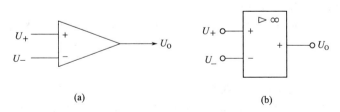

(a)   (b)

图 7-3 运算放大器的电路符号

表 7-1 所示的是集成运放的电路符号的含义。

表 7-1　集成运放的电路符号的含义

符号含义	电路符号中有一个三角形，用以表示集成运放信号传输的方向，而且引脚上标有"＋""－"极性，表示输入信号与输出信号之间的相位关系
2 个输入引脚	两个输入引脚，分别为同相输入端 U_+ 和反相输入端 U_-
1 个输出引脚	输出端引脚 U_O
∞	表示开环电压放大倍数的理想化条件

7.1.3　集成运放的传输特性与工作状态

图 7-4 所示的是集成运放的传输特性，从运算放大器的传输特性看，可分为线性区和饱和区。运算放大器可工作在线性区，也可工作在饱和区，但分析方法不一样。

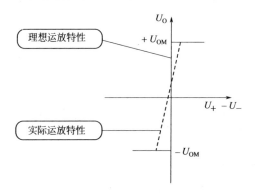

图 7-4　集成运放的传输特性

（1）工作在线性区

当运算放大器工作在线性区时，U_O 和（$U_+ - U_-$）是线性关系，即

$$U_O = A_{uO}(U_+ - U_-) \tag{7-1}$$

运算放大器是一个线性放大器件。由于运算放大器的开环电压放大倍数 A_{uO} 很高，即使输入毫伏级以下的信号，也足以使输出电压饱和，其饱和值 $+U_{OM}$ 或 $-U_{OM}$ 接近正电源电压或负电源电压值。

所以，要使运算放大器工作在线性区，通常需要引入深度负反馈。

运算放大器工作在线性区，分析依据主要有两条：虚断和虚短，见表 7-2。

表 7-2　虚断和虚短

虚断	由于运算放大器的差模输入电阻趋于无穷大，集成运放的同相输入端与反相输入端的输入信号电流接近相等，同相输入端与反相输入端之间输入信号电流之差接近于零，此即所谓"虚断"
虚短	由于运算放大器的开环电压放大倍数 $A_{uO} \to \infty$，而输出电压是一个有限的数值，即同相输入端的电位与反相输入端的电位相等，此即所谓"虚短"。如果反相端有输入时，同相端接"地"，这时反相输入端的电位接近于"地"电位，它是一个不接"地"的"地"电位端，通常称为"虚地"

（2）工作在饱和区

运算放大器工作在饱和区时，式（7-1）不能满足，这时输出电压 U_O 只有两种可能，等于 $+U_{OM}$ 或 等于 $-U_{OM}$，而 U_+ 与 U_- 不一定相等。

当 $U_+ > U_-$ 时，$U_O = +U_{OM}$

当 $U_+ < U_-$ 时，$U_O = -U_{OM}$

此外，运算放大器工作在饱和区时，两个输入端的输入电流也可认为等于零。

集成运放的非线性应用，主要说明下列三点。

① 集成运放工作在饱和区时，运放本身不带反馈，或者带有正反馈，这一点与集成运放工作在线性区明显不同。

② 集成运放工作在饱和区时，集成运放的输出与输入之间是非线性的，输出电压 U_O 等于 $+U_{OM}$ 或等于 $-U_{OM}$。

③ 集成运放工作在饱和区时，虽然同相端和反相端上的电压大小不等，但由于集成运放的输入电阻很大，所以输入端的信号电流很小而接近于零，这样集成运放仍然具有"虚断"的特点，但不存在"虚短"。

7.1.4　集成运算放大器的使用要点

集成运算放大器有两个电源引脚 $+U_{CC}$ 和 $-U_{EE}$，但有不同的供电方式。不同的供电方式，对输入信号的要求是不同的。

① 双电源供电：集成运算放大器大多采用这种供电方式。相对于公共端（地）的正电源与负电源分别接于运算放大器的 $+U_{CC}$ 和 $-U_{EE}$ 引脚上。在这种方式下，可把信号源直接接到运算放大器的输入脚上，而输出电压的振幅可达正负对称电源电压。

② 单电源供电：单电源供电是将运算放大器的 $-U_{EE}$ 引脚接地，而将 $+U_{CC}$ 接电源正极。为保证集成运放内部电路具有合适的静态工作点，在运算放大器输入端一般要加一直流电位。此时，运算放大器的输出在直流电位基础上随输入信号变化。用作交流放大器时，运算放大器的静态输出电压约为 $U_{CC}/2$，加接电容可隔离输出中的直流成分。

7.2 集成运算放大器的线性应用电路

集成运算放大器引入适当的反馈，可以使输出和输入之间具有某种特定的函数关系，即实现特定的模拟运算，如比例、加、减、积分、微分等，这就构成了模拟运算电路或运算放大器。下面的分析中，在不涉及运算精度的情况下，可以认为运算电路的集成运算放大器为理想器件。

7.2.1 比例运算电路

（1）反相比例运算电路

输入信号从反相输入端引入的运算便是反相运算。图 7-5 所示电路为反相比例运算电路。输入信号 u_1 经输入电阻 R_1 送至反相输入端，而同相输入端通过电阻 R_2 接"地"。反馈电阻 R_F 跨接在输出端和反相输入端之间。

根据运算放大器工作在线性区时的两条分析依据可知

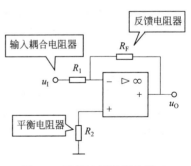

图 7-5 反相比例运算电路

$$i_1 \approx i_F, \quad u_- \approx u_+ = 0\text{V}$$

由图 7-5 可知

$$u_{\mathrm{O}} = -\frac{R_{\mathrm{F}}}{R_1}u_{\mathrm{I}} \qquad (7\text{-}2)$$

闭环电压放大倍数则为

$$A_{\mathrm{uf}} = \frac{u_{\mathrm{O}}}{u_{\mathrm{i}}} = -\frac{R_{\mathrm{F}}}{R_1}$$

当 $R_{\mathrm{F}} = R_1$ 时

$$u_{\mathrm{O}} = -u_{\mathrm{I}} \quad 即\ A_{\mathrm{uf}} = \frac{u_{\mathrm{O}}}{u_{\mathrm{I}}} = -1$$

称为反相器。

式（7-2）表明，输出电压 u_{O} 与输入电压 u_{I} 是比例运算关系。如果 R_1 和 R_{F} 的阻值足够精确，而且运算放大器的开环电压放大倍数很高，就可认定 u_{O} 与 u_{I} 的关系只取决于 R_1 与 R_{F} 的比值，而与运算放大器本身的参数无关。式（7-2）中的负号表示 u_{O} 与 u_{I} 反相。

R_2 是一平衡电阻，$R_2 = R_1 /\!/ R_{\mathrm{F}}$，其作用是消除静态基极电流对输出电压的影响。

（2）同相比例运算电路

输入信号从同相输入端引入的运算便是同相运算。图 7-6 所示的是同相比例运算电路。

根据理想运算放大器工作在线性区时的分析依据

$$u_- \approx u_+ = u_{\mathrm{I}},\ i_1 \approx i_{\mathrm{F}}$$

由图 7-6 可得出

$$u_{\mathrm{O}} = (1 + \frac{R_{\mathrm{F}}}{R_1})u_{\mathrm{I}}$$

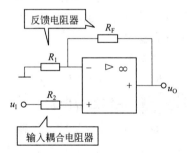

图 7-6 同相比例运算电路

闭环电压放大倍数则为

$$A_{\mathrm{uf}} = \frac{u_{\mathrm{O}}}{u_{\mathrm{I}}} = 1 + \frac{R_{\mathrm{F}}}{R_1} \qquad (7\text{-}3)$$

可见，输出电压 u_{O} 与输入电压 u_{I} 的比例关系也可认定为与运算放大器本身的参数无关。

式（7-3）中，A_{uf} 为正值，表示 u_O 与 u_1 同相，并且 A_{uf} 总是大于或等于 1，这点和反相比例运算电路不同。

当 $R_1 = \infty$ 或 $R_F = 0\Omega$ 时，则

$$A_{uf} = \frac{u_O}{u_1} = 1$$

7.2.2 加法运算电路

如果在反相输入端增加若干输入电路，则构成反相加法运算电路，如图 7-7 所示。

由图 7-7 可得出

$$u_O = -\left(\frac{R_F}{R_1}u_{I1} + \frac{R_F}{R_2}u_{I2} + \frac{R_F}{R_3}u_{I3}\right) \tag{7-4}$$

当 $R_1 = R_2 = R_3 = R_F$ 时，则

$$u_O = -(u_{I1} + u_{I2} + u_{I3})$$

从式（7-4）中可以看出，加法运算电路与运算放大器本身的参数无关，只要电阻阻值足够精确，就可保证加法运算电路的精度和稳定性。

平衡电阻

$$R_2 = R_1 // R_2 // R_3 // R_F$$

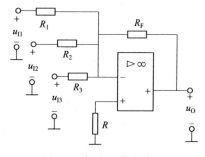

图 7-7　加法运算电路

7.2.3 减法运算电路

如果运算放大器的两个输入端都有输入，则为差分输入。差分运算在电子测量和控制系统中应用广泛，其运算电路如图 7-8 所示。

输出电压 u_O 与输入电压 u_1 的关系为

$$u_O = \left(1 + \frac{R_F}{R_1}\right)\frac{R_3}{R_2 + R_3}u_{I2} - \frac{R_F}{R_1}u_{I1} \tag{7-5}$$

当 $R_1 = R_2$ 和 $R_F = R_3$ 时

$$u_O = \frac{R_F}{R_1}(u_{I2} - u_{I1}) \tag{7-6}$$

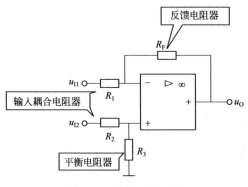

图 7-8　减法运算电路

当 $R_F = R_1$ 时，则

$$u_O = u_{I2} - u_{I1}$$

　　由式（7-5）和式（7-6）可以看出，输出电压与两个输入电压的差值成正比，所以可以进行减法运算。

　　由于电路存在共模电压，为了保证运算精度，应当选用共模抑制比较高的运算放大器或选用阻值合适的电阻。

7.2.4　积分运算电路

　　图 7-5 所示的反相比例运算电路中，若用电容 C_F 代替 R_F 作为反馈元件，则就构成了积分运算电路，如图 7-9 所示。

　　输出电压 u_O 输入电压 u_1 的关系为

$$u_O = -u_C = -\frac{1}{C_F}\int i_F dt = -\frac{1}{R_1 C_F}\int u_1 dt \tag{7-7}$$

　　式（7-7）表明 u_O 与 u_1 的积分成比例，式中的负号表示两者反相。$R_1 C_F$ 称为积分时间。

　　若 u_1 为阶跃电压 U，则输出电压

$$u_O = -\frac{U}{R_1 C_F}t$$

　　与时间 t 成正比，其波形如图 7-10 所示，最后达到负饱和值 $-U_{O(sat)}$ 。

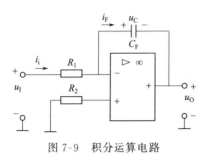

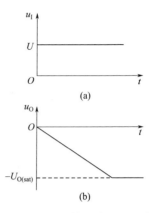

图 7-9　积分运算电路

图 7-10　积分运算电路的阶跃响应

7.2.5　微分运算电路

微分运算是积分运算的逆运算，只需将图 7-9 中的反相输入端的电阻和反馈电容调换位置，就成为了微分运算电路，如图7-11所示。

微分运算电路的输出 u_O 与输入 u_I 的关系为

$$u_O = -R_F C_1 \frac{\mathrm{d}u_I}{\mathrm{d}t}$$

即输出电压与输入电压对时间的一次微分成正比。

若 u_I 为阶跃电压 U ，则输出电压 u_O 为尖脉冲，如图 7-12 所示。

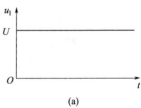

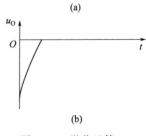

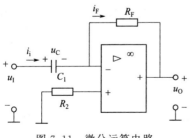

图 7-11　微分运算电路

图 7-12　微分运算电路的阶跃响应

7.3 集成运算放大器的非线性应用电路

当运算放大器处于开环或正反馈时，它会工作在非线性状态，如图 7-13 所示。

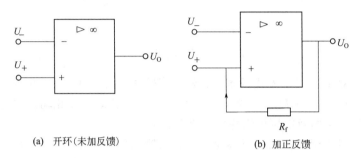

(a) 开环(未加反馈)

(b) 加正反馈

图 7-13 运算放大器工作在非线性状态的两种电路形式

7.3.1 电压比较器

电压比较器的基本功能是对两个输入端的信号进行鉴别与比较，以输出端正、负表示比较的结果，在测量、控制及波形变换等方面有着广泛的应用。在这类电路中，都要有给定的参考电压，将一个模拟电压信号与参考电压作比较，在输出端则以高电平或低电平来反映比较结果。在比较器中，电路不是处在开环工作状态，就是引入正反馈。所以集成运放都工作在非线性区。因而输出电压只有两种情况，不是 $+U_{OM}$ ，就是 $-U_{OM}$ 。

（1）基本电压比较器

如图 7-14 所示，在比较器的一端加上输入信号是连续变化的模拟量，另一端加上固定的基准电压 U_R，而输出信号则是数字量，即"1"或"0"。因此，比较器可以作为模拟电路与数字电路的接口。

（2）过零比较器

参考电压为零的比较器称为过零比较器。根据输入方式的不同又可分为反相输入式和同相输入式两种。反相输入式过零比较器的同相输入端接地，而同相输入式过零比较器的反相输入端接地。

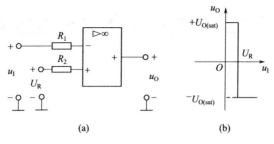

图 7-14　基本电压比较器

对于反相输入式过零比较器，当输入信号电压 $u_1 > 0$ 时，输出电压 $u_O = -U_{OM}$；当 $u_1 < 0$ 时，$u_O = +U_{OM}$。反相输入式过零比较器电路及电压传输特性如图 7-15 所示。

对于同相输入式过零比较器，当输入信号电压 $u_1 > 0$ 时，输出电压 $u_O = +U_{OM}$；当 $u_1 < 0$ 时，$u_O = -U_{OM}$。同相输入式过零比较器电路及电压传输特性如图 7-16 所示。

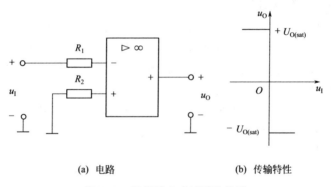

(a) 电路　　　　　　　　　(b) 传输特性

图 7-15　反相输入式过零比较器

对于反相输入式过零比较器，当输入电压为正弦波电压 u_1 时，u_O 为矩形波，如图 7-17 所示。

(3) 单限电压比较器

单限电压比较器可用于检测输入信号电压是否大于或小于某一特定值。根据输入方式，可分为反相输入式、同相输入式和求和型三种。

图 7-18 所示为反相输入式单限电压比较器的电路和电压传输

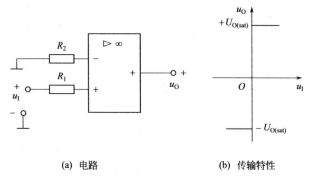

(a) 电路   (b) 传输特性

图 7-16   同相输入式过零比较器

特性，图 7-19 所示为同相输入式单限电压比较器的电路和电压传输特性。

图中的 U_R 是一个固定的参考电压，由它们的传输特性可以看出，当输入信号 u_I 的值等于参考电压 U_R 时，输出电压 u_O 就发生跳变。传输特性上输出电压转换时的输入电压称为门限电压 U_{TH}。单限电压比较器只有一个门限电压，其值可以正，也可以负。实际上过零比较器就是单限电压比较器的一个特例，其门限电压 $U_{TH} = 0V$。

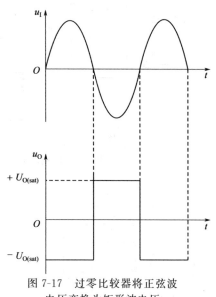

图 7-17   过零比较器将正弦波电压变换为矩形波电压

（4）滞回电压比较器

滞回电压比较器又称为施密特触发器。单限电压比较器当输入信号在 U_R 上下波动时，输出电压会出现多次翻转。采用滞回电压比较器可以消除这种现象。

图 7-20（a）所示为滞回电压比较器电路，当输入信号 u_I 为零时，

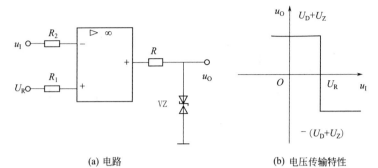

(a) 电路   (b) 电压传输特性

图 7-18　反相输入式单限电压比较器

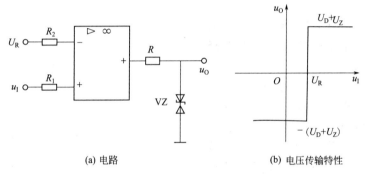

(a) 电路   (b) 电压传输特性

图 7-19　同相输入式单限电压比较器

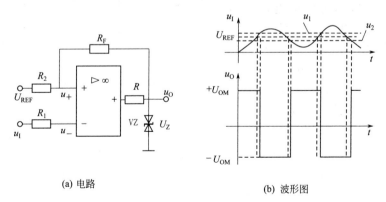

(a) 电路   (b) 波形图

图 7-20　滞回电压比较器

输出电压 u_O 为正饱和值，等于稳压管两端电压 U_Z（$u_O = U_Z > 0\text{V}$），根据叠加原理，可求出运放同相输入端的电压 $u_+ = u_1$ 为

$$u_1 = \frac{R_F}{R_2 + R_F}U_{REF} + \frac{R_2}{R_2 + R_F}U_Z$$

当输入信号 u_1 逐渐增大，且 $0 < u_1 \leqslant u_+$ 时，输出电压继续保持 $u_O = U_Z > 0$。当输入电压 u_1 继续增大，且 $u_1 \geqslant u_+$ 时，运放发生翻转，输出电压 $u_O = -U_{OM}$，等于稳压管两端电压 U_Z（$u_O = U_Z < 0$）。

如果 $u_1 \geqslant u_+$ 时逐渐减小，且减小到 $u_2 < u_1 \leqslant u_1$，由于此时反相输入端的电压 u_1 仍然大于同相输入端的电压 $u_+ = u_2$，输出端的电压 u_O 仍然等于负饱和值 $-U_Z$。u_1 继续减小，减小到 $u_1 \leqslant u_2$ 时，反相输入端的电压小于同相输入端的电压，运放再次发生翻转，输出电压 $u_O = +U_{OM}$。就这样，输入电压大于 u_1，输出电压为负值 $-U_Z$；输入电压小于 u_2，输出电压为正值 U_Z；而在输入电压为 $u_1 < u_1 < u_2$ 时，输出电压保持不变，其波形如图 7-20（b）所示。由于使运放翻转的输入电压总是滞后于前一个翻转电压，因此称这种电压比较器为滞回电压比较器。

滞回电压比较器也属于单限电压比较器，其稳定性和抗干扰能力比单限电压比较器强，从而避免了使输出电压反复发生翻转的现象发生。适当选择 R_2 和 R_F，可以调节使运放发生翻转的输入电压滞后值。

7.3.2 方波信号发生器

图 7-21 所示电路是一个运算放大器构成的方波信号发生器，它是在运算放大器上同时加正、负反馈电路构成的，VS 为双向稳压管。假设它的稳压值 $U_Z = 5\text{V}$，它可以使输出电压 U_O 稳定在 $-5 \sim 5\text{V}$ 范围内。

（1）工作原理

在 $0 \sim t_1$ 期间，$U_O = 5\text{V}$ 通过 R 对电容 C 进行充电，在电容 C 上充得上正下负的电压。U_C 电压上升，U_- 电压也上升，在 t_1 时刻 U_- 电压达到门限电压 3V，开始有 $U_- > U_+$，输出电压 U_O 马上变为低电平，即 $U_O = -5\text{V}$，同相输入端的门限电压被 U_O 拉低至

$U_+ = -3\text{V}$。

在 $t_1 \sim t_2$ 期间，电容 C 开始放电，放电路径是：电容 C 上正 → R → R_1 → R_2 → 地 → 电容 C 下负，t_2 时刻，电容 C 放电完毕。

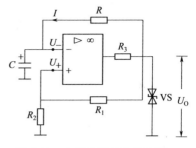

图 7-21　方波信号发生器电路

在 $t_2 \sim t_3$ 期间，$U_O = -5\text{V}$ 电压开始对电容 C 反充电，其路径是：地 → 电容 C → R → VS 上（-5V），电容 C 被充得上负下正的电压。U_C 为负压，U_- 也为负压，随着电容 C 不断被反充电，U_- 不断下降。在 t_3 时刻，U_- 下降到 -3V，开始有 $U_- < U_+$，输出电压 U_O 马上转为高电平，即 $U_O = 5\text{V}$，同相输入端的门限电压被 U_O 抬高到 $U_+ = 3\text{V}$。

在 $t_3 \sim t_4$ 期间，$U_O = 5\text{V}$ 又开始经 R 对电容 C 进行充电，t_4 时刻将电容 C 上的上负下正电压中和。

在 $t_4 \sim t_5$ 期间，电容 C 再继续充得上正下负的电压，t_5 时刻，U_- 电压达到门限电压 3V，开始有 $U_- > U_+$，输出电压 U_O 马上变为低电平。

（2）输出波形

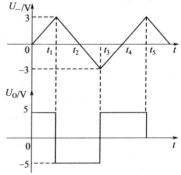

图 7-22　方波信号发生器波形图

以后重复上述过程，从而在电路输出端得到图 7-22 所示的方波信号 U_O。

7.4 实用运算放大器电路

7.4.1　测量放大器

在许多工业应用中，经常要对一些物理量如压力、温度、流量等进行测量和控制。在这些情况下，通常先利用传感器将它们转换为电信号（电压或电流），这些电信号一般是很微弱的，需要进行放大和处理。另外，由于传感器所处的工作环境一般都比较恶劣，经常受到强大干扰源的干扰，因而在传感器上会产生干扰信号，并和转换得到的电信号叠加在一起。此外，转换得到的电信号往往需要屏蔽电缆进行远距离传输，在屏蔽电缆的外层屏蔽上也不可避免地会接收到一些干扰信号，如图 7-23 所示。这些干扰信号对后面

连接的放大器系统，一般构成共模信号输入。由于它们相对于有用的电信号往往比较强大，一般的放大器对它们不足以进行有效的抑制，只有采用专用的测量放大器（也称仪用放大器）才能有效地消除这些干扰信号的影响。

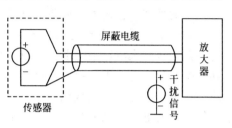

图 7-23　测量信号的传输

典型的测量放大器由三个集成运算放大器构成，电路如图 7-24 所示。输入级是两个完全对称的同相放大器，因而具有很高的输入电阻，输出级为差分放大器，由于通常选取 $R_3 = R_4$，故具有跟随特性，且输出电阻很小。u_1 为有效的输入信号，u_C 为共模信号，即前述干扰信号。

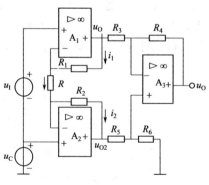

图 7-24　测量放大器

测量放大器的输出电压 u_O 为

$$u_O = -(1 + \frac{R_1 + R_2}{R})u_1$$

可见，其输出与共模信号 u_C 无关，这表明测量放大器具有很

强的共模抑制能力。

通常选取 $R_1=R_2$ 为定值，改变电阻 R 即可方便地调整测量放大器的放大倍数。

集成运放的选取，尤其是电阻 R_3、R_4、R_5、R_6 的匹配情况会直接影响测量放大器的共模抑制能力。在实际应用中，往往由于运放及电阻的选配不能满足要求，从而导致测量放大器的性能明显降低。集成测量放大器因易于实现集成运放及电阻的良好匹配，故具有优异的性能。常用的集成测量放大器有 AD522、AD624 等。

如图 7-25 所示电路为三线式铂电阻测温电路，该电路就是在传感器信号放大电路中经常采用的仪用放大器，以提高输入阻抗和共模抑制比。电路中，铂热电阻 R_T 与高精度电阻 $R_1 \sim R_3$ 组成桥路，R_3 的一端通过导线接地。R_{w1}、R_{w2}、R_{w3} 是导线等效电阻。流经传感器的电流路径为 $U_T \rightarrow R_2 \rightarrow R_3 \rightarrow R_{w2} \rightarrow R_{w3} \rightarrow$ 地。如果电缆中导线的种类相同，则导线电阻 R_{w1} 和 R_{w2} 相等，温度系数也相同，能够实现温度补偿。由于流经 R_{w3} 的两电流也都相同，因此不会影响测量结果。经放大器放大的信号，一般由折线近似的模拟电路或 A/D 转换器构成数据表，进行线性化。由于 R_1 的电阻比 R_T 大得多，所以 R_T 变动的非线性对温度特性影响非常小，因此本电路未设线性化电路。调整时，只需调整基准电源 U_T，使 R_2 两端

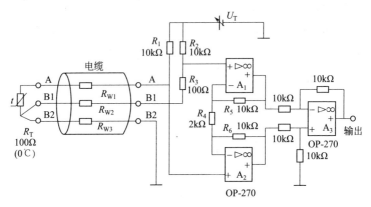

图 7-25　三线式铂电阻测温电路

电压为准确的 20V 即可。

采样-保持电路的功能是将快速变化的输入信号按控制信号的周期进行采样，使输出准确地跟随输入信号的变化，并能在两次采样的时间间隔内保持上一次采样结束的状态。图 7-26 所示是采样-保持电路。

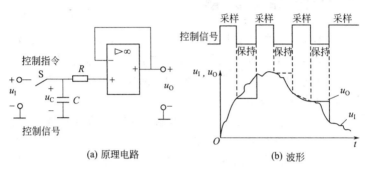

(a) 原理电路 (b) 波形

图 7-26 采样-保持电路

采样就是对模拟信号在有限个时间点上采取样值。采样电路是一个模拟开关，u_1 是模拟信号，模拟开关在采样脉冲 u_S 作用下不断闭合和断开。开关闭合时，$u_O = u_1$。这样，在抽样电路输出端得到一系列在时间上不连续的脉冲。采样值要经过编码形成数字信号，这需要一段时间，因为数字信号的编码是逐次逐位编出的。在编码的这段时间里，采样值作为编码的依据，必须恒定。保持电路的作用，就是使采样值在编码期间保持恒定。对图 7-26 所示电路，模拟信号源内阻及模拟开关的接通电阻应很小，它们与电容 C 组成的电路时间常数非常小，以保证在模拟开关闭合期间，电容 C 上的电压能跟踪采样值变化，保持电容后面接着由集成运放组成的跟随器。由于这种跟随器输入阻抗极大，电容上保持的电压经阻抗的放电极少，不会造成影响。

图 7-26（b）所示为从采样到保持的信号波形。可以看出，当采样频率足够高时，保持电路输出的阶梯波就可以逼近原模拟信号。事实上，由数字信号恢复成模拟信号的时候，就是根据数字信

号还原出这种逼近原模拟信号阶梯波的时候。为了使还原出来的模拟信号不失真，对采样频率 f_S 的要求为

$$f_S \geqslant f_{max}$$

式中，f_{max} 是被采样的模拟信号所包含的信号中频率最高的信号的频率。

7.5 有源滤波器

滤波器是一种能让有用频率信号通过而同时抑制（或衰减）无用频率信号的电子装置。工程上常用它来实现信号处理、数据传送和抑制干扰等功能。滤波器广泛应用于通信、广播、电视、计算机等几乎全部电子设备中。

20 世纪 70 年代以来，由薄膜电阻、薄膜电容和集成运放构成的薄膜混合集成电路提供了大量质优价廉的小型和微型有源 RC 滤波器。集成电路技术的出现和迅速发展使有源滤波器不但从根本上克服了 RLC 无源滤波器在低频时存在的体积和重量上的问题，而且成本低、质量可靠、便于集成。与无源滤波器相比，它的设计和调整过程较简便，还能提供增益。当然，有源滤波器也有缺点。

① 由于有源元件固有的带宽限制，使绝大多数有源滤波器仅限于在低频范围内应用，而无源滤波器可用于频率较高的场合。

② 生产工艺和环境变化所造成的元件偏差对有源滤波器的影响较大。

③ 有源元件要消耗功率。

对于幅频响应，通常把能够通过的信号频率范围定义为通带，而把受阻或衰减的信号频率范围称为阻带，通带和阻带的界限频率称为截止频率。

理想滤波器在通带内具有零衰减的幅频响应和线性的相位响应，而在阻带内信号将不能通过滤波器，即具有无限大的幅度衰减。按照通带和阻带的相互位置不同，滤波器通常可分为以下几类。

① 低通滤波器。设截止角频率为 ω_H，则角频率低于 ω_H 的信

号可以通过（通带），高于 ω_H 的信号被衰减（阻带）。其幅频响应如图 7-27 所示，图中 A_0 表示低频增益的幅值。带宽 $BW = \omega_H$。

② 高通滤波器。设截止角频率为 ω_L，则角频率高于 ω_L 的信号可以通过，低于 ω_L 的信号被衰减，其幅频响应如图 7-28 所示。从理论上讲，高通滤波器的带宽 $BW = \infty$。但实际上，由于受到器件（尤其是有源器件）带宽的限制，高通滤波器的带宽也是有限的。

③ 带通滤波器。带通滤波器的幅频特性如图 7-29 所示。

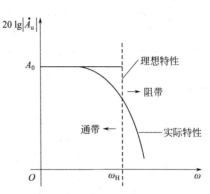

图 7-27　低通滤波器幅频特性

设低频段的截止角频率为 ω_L，高频段的截止角频率为 ω_H，频率在 $\omega_L \sim \omega_H$ 之间的信号可以通过，低于 ω_L 或高于 ω_H 的信号被衰减。带通滤波器有两个阻带：$0 < \omega < \omega_L$ 和 $\omega > \omega_H$，通带为 $\omega_L < \omega < \omega_H$。因此带宽 $BW = \omega_H - \omega_L$。ω_0 为带通中心角频率。

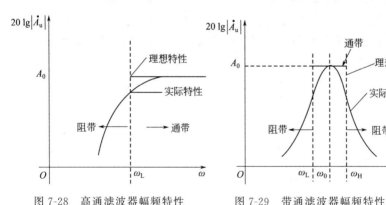

图 7-28　高通滤波器幅频特性　　图 7-29　带通滤波器幅频特性

④ 带阻滤波器。带阻滤波器的幅频响应如图 7-30 所示。设高端低频截止角频率为 ω_L，低端高频截止角频率为 ω_H，频率在 $\omega_L \sim \omega_H$ 之间的信号被衰减，高于 ω_L 或低于 ω_H 的信号被允许通过。带

阻滤波器有两个通带 $0 < \omega < \omega_H$ 和 $\omega > \omega_L$，高频端的通带由于受有源器件的带宽影响，通带的宽度是有限的。带阻滤波器抑制频带中心所在角频率 ω_0 叫带阻中心角频率。

⑤ 全通滤波器。全通滤波器没有阻带，它的通带从零到无穷大，但相移的大小随频率改变，如图 7-31 所示。

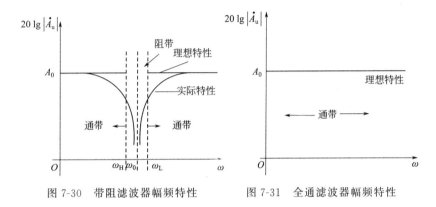

图 7-30 带阻滤波器幅频特性   图 7-31 全通滤波器幅频特性

7.5.1 低通滤波器

图 7-32（a）所示为有源低通滤波器的电路。由图可见，将 RC 低通滤波器和同相比例运算放大器串接，即可组成同相输入低通滤波器。

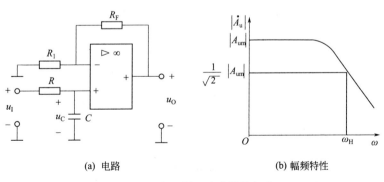

(a) 电路   (b) 幅频特性

图 7-32 有源低通滤波器的电路

设输入电压 u_1 为某一频率的正弦电压，则可用相量表示，先由 RC 电路得出

$$\dot{U}_+ = \dot{U}_C = \frac{\dfrac{1}{j\omega C}}{R + \dfrac{1}{j\omega C}} \dot{U}_i = \frac{\dot{U}_i}{1 + j\omega RC}$$

再根据同相比例运算电路的输入-输出关系可得

$$\dot{U}_O = (1 + \frac{R_F}{R_1}) \dot{U}_+$$

故低通滤波器的电压放大倍数 $\dot{A}_u$ 为

$$\dot{A}_u = \frac{\dot{U}_O}{\dot{U}_1} = \frac{1 + \dfrac{R_F}{R_1}}{1 + j\omega RC} = \frac{1 + \dfrac{R_F}{R_1}}{1 + j\dfrac{\omega}{\omega_H}}$$

式中，$\omega_H = \dfrac{1}{RC}$ 称为截止角频率。

可见，低通滤波器的电压放大倍数是复数，描述有源滤波器放大倍数随频率变化的关系曲线称为有源滤波器的幅频特性曲线。

设放大器的通带放大倍数为

$$|A_{um}| = 1 + \frac{R_F}{R_1}$$

则低通滤波器的幅频特性和相频特性分别为

$$|\dot{A}_u| = \frac{|A_{um}|}{\sqrt{1 + (\omega RC)^2}} = \frac{|A_{um}|}{\sqrt{1 + (\dfrac{\omega}{\omega_H})^2}}$$

$$\varphi(\omega) = -\arctan\frac{\omega}{\omega_H}$$

可见，通带放大倍数是低通滤波器幅频特性的最大值，反映该放大器对通带范围内的频率信号有最大的放大倍数。随着频率的变化，放大器的通带放大倍数也将发生变化，如图 7-32（b）所示。当放大器的通带放大倍数下降到原值的 $1/\sqrt{2}$ 时，对应的角频率称为通带截止角频率，又称为低通滤波器的上限截止频率。

为了改善滤波效果，使 $\omega > \omega_H$ 时信号衰减得快些，常将两个 RC 电路串接起来，如图 7-33（a）所示，称为二阶有源低通滤波器，其幅频特性如图 7-33（b）所示。

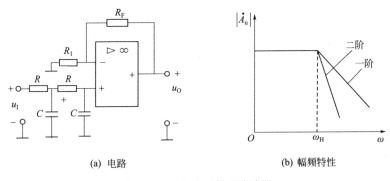

(a) 电路　　　　　　　　　(b) 幅频特性

图 7-33　二阶有源低通滤波器

7.5.2　有源高通滤波器

有源高通滤波器电路的组成与低通滤波器一样，将高通滤波器和同相比例运算放大器串接起来，即可组成高通滤波器，如图 7-34（a）所示。不难发现，将图 7-32（a）所示低通滤波器电路中 RC 电路的 R 和 C 对调，即可成为有源高通滤波器。

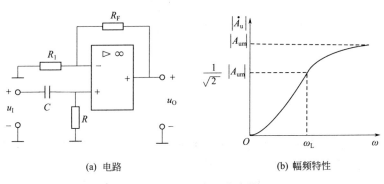

(a) 电路　　　　　　　　　(b) 幅频特性

图 7-34　有源高通滤波器

按照上述低通滤波器的分析方法，一样可得到高通滤波器的电

压放大倍数

$$\dot{A}_{u} = \frac{\dot{U}_{O}}{\dot{U}_{I}} = \frac{1 + \frac{R_{F}}{R_{1}}}{1 - j\frac{\omega_{L}}{\omega}} = \frac{|A_{um}|}{1 - j\frac{\omega_{L}}{\omega}}$$

该电路的幅频特性和相频特性分别为

$$|\dot{A}_{u}| = \frac{|A_{um}|}{\sqrt{1 + (\frac{\omega_{L}}{\omega})^{2}}}$$

$$\varphi(\omega) = \arctan\frac{\omega_{L}}{\omega}$$

该电路的通带截止角频率称为下限截止角频率，$\omega_{L} = \frac{1}{RC}$。

图 7-34（b）所示为有源高通滤波器的幅频特性。

7.5.3 带通滤波器和带阻滤波器

如图 7-35 所示，将低通滤波器和高通滤波器串联，并使低通滤波器的截止频率 ω_{H} 大于高通滤波器的截止频率 ω_{L}，则构成有源带通滤波器。

如图 7-36 所示，将低通滤波器和高通滤波器并联，并使高通滤波器的截止频率大于低通滤波器的截止频率，则构成有源带阻滤波器。

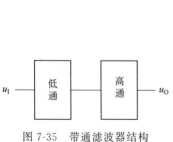

图 7-35　带通滤波器结构

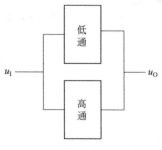

图 7-36　带阻滤波器结构

第8章

Chapter 8 ?

振荡电路

8.1 振荡电路的基本原理

振荡电路能将直流电源的电能转变为连续周期性重复的波形输出，因此振荡电路又称波形产生电路或者振荡器。振荡电路是用来产生具有周期性模拟信号（通常是正弦波或方波）的电子电路，通常由放大电路、选频网络、正反馈网络及稳幅环节组成。

按照振荡器产生的波形可分为正弦波振荡器和非正弦波振荡器两大类。

8.1.1 振荡电路的组成

图 8-1 所示为振荡电路的组成方框图。由图可见，若没有反馈

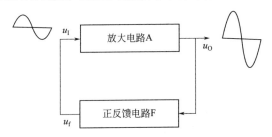

图 8-1 正弦波的振荡器工作原理

网络，就没有反馈信号 u_f，放大电路就无输入信号，当然也就无输出信号。同样，若无放大电路，也无输出信号 u_O，因而也就无反馈信号了。

为了充分说明这种转化，以图 8-2 为例简要说明。

图 8-2 所示为典型的小信号调谐放大器。当在输入端 a、b 间加一输入信号 u_1 时，放大后在输出端 c、d 间将得到一输出信号 u_O。调整放大器的增益或中频变压器 T 的匝数比和极性，总可以使 c、d 间的输出波形与 a、b 间的输入波形完全一样，即幅度相等、相位相同。设想此时以极快的速度自 a、b 两输入端切断输入信号（u_1），而将 a、b 转接到 c、d 上，就构成了图 8-3 所示的形式。由于 c、d 间的信号与切换前的信号完全相同，理所当然可得到与切换前一样的输出信号。这样，就把放大电路转换成了振荡电路。

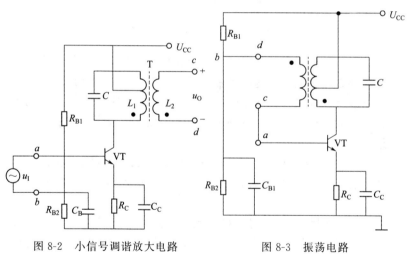

图 8-2　小信号调谐放大电路　　　　图 8-3　振荡电路

综上所述，该振荡电路至少由两部分组成：一是要有一个具有选频特性的放大电路；二是要有一个正反馈网络。

要产生正弦波振荡，电路结构必须合理。正弦波振荡电路一般包括以下四个组成部分，如图 8-4 所示。

① 放大电路：这是满足幅度平衡条件必不可少的，若没有放

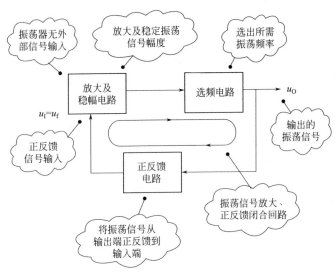

图 8-4 正弦波振荡组成方框图

大，就不可能产生正弦波振荡。因此在振荡过程中，必然会有能量损耗，导致振荡衰减。这时就需要放大电路控制并不断地向振荡电路提供能量，以维持等幅振荡。放大电路必须具有供给能量的电源、合理的结构以及合适的静态工作点，以保证放大电路具有放大作用。

② 反馈网络：它的主要作用是形成正反馈，以满足相位平衡条件。它将放大电路的输出一部分或全部返送到输入端，完成自励振荡。

③ 选频网络：为了得到单一频率的正弦输出信号，电路中必须有选频网络。即在正反馈网络的反馈信号中，只有所选定的信号，才能使电路满足自励振荡的条件。

④ 稳幅电路：为了不让输出的正弦输出信号无限增长而趋于稳定，电路中还必须有稳幅电路。可以利用放大电路自身元件的非线性来完成稳定振幅的作用，还可以采用热敏元件或其他限幅电路来稳定振幅。为了更好地获得稳定的等幅振荡，有时需要引入负反馈网络。

振荡条件

对于正弦波振荡电路而言，其目的是利用自励振荡产生波形，因此应设法满足自励振荡条件。

（1）振幅平衡条件

振荡电路的工作分为起振阶段和稳定工作两部分。

起振阶段：应满足 $AF > 1$ 的条件。不同频率的正弦信号在放大和反馈过程中通过选频网络，只有其中一个频率（谐振频率）的信号幅度最大且满足正反馈相位条件。这个频率的信号再经过放大，如此进行反馈、放大的多次循环过程，信号的幅度越来越大，振荡就建立起来了。显然，在振荡建立过程中，反馈信号的振幅必须大于前一次输入信号的振幅，即 $u_f > u_1$。由图 8-4 可知，$u_1 = Fu_0 = AFu_1$，从而可得到振荡电路的起振条件为 $AF > 1$。

稳幅环节：当电路起振后，信号不断增大，非线性元件三极管逐渐工作到非线性区，放大能力减小。若再继续增加输入信号，输出信号幅度增加很少。当满足 $AF = 1$ 时，就得到了稳定的振荡输出。

（2）相位平衡条件

设 u_1 与 u_f 的相位差为 $\varphi_1 + \varphi_f$，则根据式 $AF = 1$ 可知

$$\varphi_1 + \varphi_f = 2n\pi(n = 0, \pm 1, \pm 2, \cdots)$$

该条件要求反馈信号的相位与所需输入信号的相位相同，即必须具有正反馈网络。要实现自励振荡，振幅平衡条件和相位平衡条件必须同时满足，两者缺一不可。

8.2 变压器耦合振荡器

变压器耦合振荡器是指由变压器构成反馈电路，完成正反馈的正弦波振荡器。变压器耦合振荡器的特点是输出电压大，适用于频率较低的振荡器。

8.2.1 变压器耦合振荡器的电路结构

变压器耦合振荡器电路如图 8-5 所示，T 是耦合变压器，它的一侧绕组接在晶体管 VT 的集电极回路，称为振荡线圈；另一端接

在 VT 的基极回路，称为反馈线圈。T 的同名端见图中黑点所示。

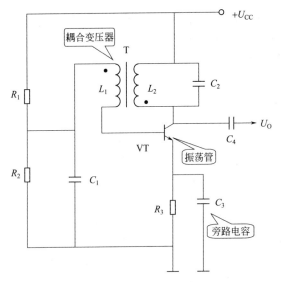

图 8-5　变压器耦合振荡器

8.2.2 变压器耦合振荡器的工作过程

这一电路的正反馈过程如下。

设振荡信号电压某瞬间在 VT 基极为"+"，使 VT 基极电流增大，集电极为"−"，T 次级线圈 L_2 下端为"−"，上端为"+"，T 初级线圈 L_1 下端为"+"，与基极极性一致，所以 L_2 上输出信号经 T 耦合到初级线圈 L_1，增强了 VT 的输入信号，所以是正反馈。

L_2 和 C_2 构成 LC 谐振回路，电路的谐振频率便是振荡信号频率 f_0。选频过程如下。

L_2 和 C_2 并联谐振电路作为晶体管 VT 的集电极负载，因为并联谐振在谐振时阻抗最大，且为纯电阻，所以有谐振频率 f_0 能够自动满足相位条件而形成振荡，这就是 LC 谐振回路的选频作用。

电路的振荡频率 $f_0 = \dfrac{1}{2\pi\sqrt{LC}}$。

C_1 将 L_1 上端振荡信号交流接地，正反馈信号接到 VT 的输入回路：L_1 下端→VT 基极→VT 发射极→发射极旁路电容 C_3→地端→旁路电容 C_1→L_1 上端。

8.3 电感三点式振荡器

电感三点式振荡器的电路原理如图 8-6（a）所示，图 8-6（b）是其交流等效电路，画交流等效电路时，应把耦合电容、旁路电容视为短路，因偏置电阻不决定振荡频率，应不予理睬。在交流等效电路中，只能出现三极管和决定振荡频率的元器件（如电感和电容）。从图 8-6（b）中可以看出，三极管的三个电极分别与电感的三个端子相连，故称为电感三点式振荡器。

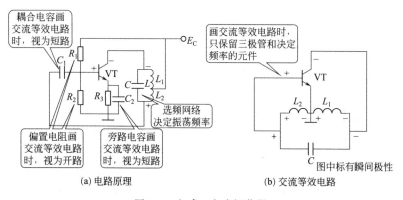

(a) 电路原理   (b) 交流等效电路

图 8-6　电感三点式振荡器

电路中的 VT 是三极管，电感 L 带有中间抽头，L 被分成 L_1 和 L_2 两段。电感 L 的中间抽头接在电源上，对交流而言，相当于接地。假设某一瞬间，VT 的基极信号为正，集电极信号为负。相当于选频网络的上端为负，那么下端就应为正，该信号反馈到三极管 VT 的基极，与原信号极性相同，是正反馈，显然满足相位平衡条件。只要合理分配 L_1 和 L_2 的匝数比，就可满足振幅平衡条件，使电路顺利起振。另外，反馈到 VT 输入回路的信号，实际上是 L_2 两端的信号，因此 L_2 和 L_1 的匝数比是决定能否满足振幅平衡条件的关键。

若不考虑 L_1、L_2 的互感，电感三点式振荡器的振荡频率为

$$f_0 = \frac{1}{2\pi\sqrt{LC}}$$

8.4 电容三点式振荡器

8.4.1 电容三点式 LC 振荡器

电容三点式 LC 振荡器的基本电路如图 8-7（a）所示，图 8-7（b）为其交流等效电路。从交流等效电路中可以看出，三极管的三个电极分别接在振荡电容的三个端点上，故称为电容三点式振荡器，反馈电压取自电容 C_2 的两端。

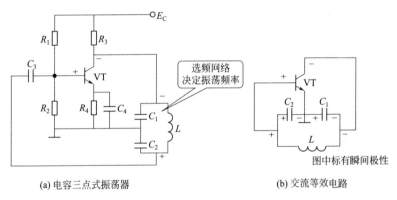

(a) 电容三点式振荡器　　　　　　　(b) 交流等效电路

图 8-7　电容三点式振荡器

电容三点式振荡器的选频网络由 L、C_1 和 C_2 组成。设某一瞬间，VT 基极信号极性为正，则集电极信号极性为负。由图 8-7（b）所示的交流等效电路可以看出，选频网络右端极性为负，左端为正，从而使 C_1、C_2 上的信号极性为左正右负。C_2 上的信号加在 VT 的输入端，与原信号极性相同，因此是正反馈，满足相位振幅平衡条件。如果合理选择 C_1、C_2 的容量比，就可保证 C_2 上有足够的信号电压，从而满足振幅平衡条件，使电路能够顺利起振。

该电路的振荡频率为：

$$f_0 = \frac{1}{2\pi\sqrt{LC}}$$

上式中，C 为 C_1 和 C_2 串联后的等效电容，其值为

$$C = \frac{C_1 C_2}{C_1 + C_2}$$

电容三点式振荡器的振荡频率高，可达 100MHz 以上，波形失真小，但易停振，且频率易受三极管极间电容和电路分布电容的影响。这种电路常用于电视机、调频收音机等电子产品中。

8.4.2 电容三点式 LC 振荡器改进电路

由于三极管存在一定的极间电容，这些电容的容量很小，一般在几皮法以下。当振荡频率较低时，可以忽略极间电容的影响。但当振荡频率高到一定程度时，极间电容的影响就变得较为明显。

从电容三点式振荡器的交流等效电路中可以看出，三极管的极间电容 C_{BE}、C_{CE} 分别与 C_2、C_1 并联，如图 8-8 所示。

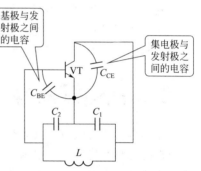

图 8-8　三极管极间电容对振荡频率的影响

这些电容均参与振荡，从而使振荡频率受到影响。另外，极间电容易受温度及三极管工作状态的影响，导致振荡频率不稳。为了提高振荡频率的稳定性，可对电路加以改进。

目前应用较多的改进电路是克拉泼振荡电路，图 8-9（a）所示为其电路结构，图 8-9（b）是其交流等效电路。

从图 8-9 中可以看出，它仍属于电容三点式振荡器，只是在电感 L 上并联了一个小电容 C，电路设计中要求：$C \ll C_1$ 和 $C \ll C_2$。

电路的振荡频率为

$$f_0 = \frac{1}{2\pi\sqrt{LC'}}$$

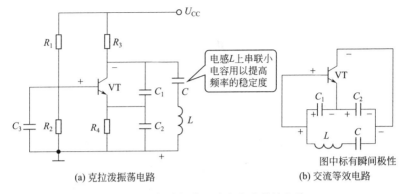

(a) 克拉泼振荡电路　　　(b) 交流等效电路

图 8-9　克拉泼振荡电路和交流等效电路

其中 C' 为 C_1、C_2 和 C 串联后的总容量。

从上式可以看出，改进电路的振荡频率 f_0 基本与 C_1 和 C_2 无关，自然也就不受三极管的极间电容 C_{BE}、C_{CE} 的影响。

8.5 晶体振荡器

晶体具有压电效应，其固有频率十分稳定，因此晶体振荡器具有非常高的频率稳定度。根据晶体在电路中的作用形式，常用的晶体振荡器可分为并联晶体振荡器和串联晶体振荡器两类。

8.5.1　认识石英晶体

石英晶体谐振器通常简称为晶体，是一种常用的选择频率和稳定频率的电子元件，广泛应用于电子仪器仪表、通信设备、广播和电视设备、影视播放设备、计算机等领域。

晶体一般密封在金属、塑料或玻璃等外壳中，外形如图 8-10 所示。按频率稳定度可分为普通型和高精度型，其标称频率和体积大小也有多种规格。

晶体的文字符号为"B"或"BC"，图形符号如图 8-11 所示。

晶体的型号命名由三部分组成，如图 8-12 所示。第一部分用字母表示晶体外壳的形状和材料等特征，第二部分用字母表示晶片

图 8-10　晶体的外形

的切型，第三部分用数字表示晶体的主要性能和外形尺寸。

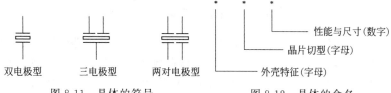

双电极型　　三电极型　　两对电极型

　　　　　　　　　　　　　　　　　　性能与尺寸(数字)

　　　　　　　　　　　　　　　　　　晶片切型(字母)

　　　　　　　　　　　　　　　　　　外壳特征(字母)

图 8-11　晶体的符号　　　　　　图 8-12　晶体的命名

　　晶体型号的意义见表 8-1。如 JA5 为金属壳 AT 切型晶体，BX8 为玻璃壳 X 切型晶体。

表 8-1　晶体型号的意义

第一部分（外壳）	第二部分（晶片切型）	第三部分（性能与尺寸）
J：金属壳 B：玻璃壳 S：塑料壳	A：AT 切型	数字
	B：BT 切型	
	C：CT 切型	
	D：DT 切型	
	E：ET 切型	
	F：FT 切型	
	G：GT 切型	
	H：HT 切型	
	M：MT 切型	
	N：NT 切型	
	U：UT 切型	
	X：X 切型	
	Y：Y 切型	

晶体的参数主要有标称频率、负载电容和激励电平等。

① 标称频率。标称频率 f_0 是指晶体的振荡频率，通常直接标注在晶体的外壳上，一般用带有小数点的几位数字来表示，单位为 MHz 或 kHz，如图 8-13 所示。

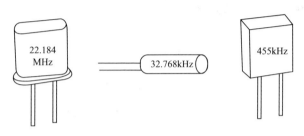

图 8-13　晶体标称频率的标示

② 负载电容。负载电容 C_L 是指晶体组成振荡电路时所需配接的外部电容。负载电容是参与决定振荡频率的因数之一，在规定的负载电容 C_L 下晶体的振荡频率即为标称频率 f_0。使用晶体时必须按要求接入规定的负载电容 C_L，这样才能保证振荡频率符合该晶体的标称频率。

③ 激励电平。激励电平是指晶体正常工作时所消耗的有效功率。常用的标称值有 0.1mW、0.5mW、1mW、2mW 等。激励电平的大小关系到电路工作的稳定和可靠。激励电平过大会使频率稳定度下降，甚至造成晶体损坏。激励电平过小会使振荡幅度变小和不稳定，甚至不能起振。一般应将激励电平控制在其标称值的 $50\%\sim100\%$ 范围内。

晶体的特点是具有压电效应。当有外力作用于晶体时，在晶体两面即会产生电压；反之，当有电压作用于晶体两面时，晶体即会产生机械变形。

当在晶体两面加上交流电压时，晶体将会随之产生周期性的机械振动。当交流电压的频率与晶体的固有谐振频率相等时，晶体的机械振动最强，电路中的电流最大，产生谐振。晶体可以等效为一个品质因数 Q 极高的谐振回路。图 8-14 所示为晶体的电抗-频率特性曲线，图中，f_1 为其串联谐振频率，f_2 为其并联谐振频率。在

$f < f_1$ 和 $f > f_2$ 范围内,晶体呈现容性;在 $f_1 < f < f_2$ 范围内,晶体呈现感性;在 $f = f_1$ 时晶体呈现阻性。通常将晶体作为一个 Q 值极高的电感元件使用,即在 $f_1 \sim f_2$ 这段很窄的频率范围内。

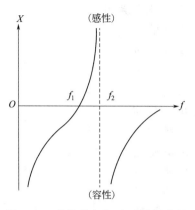

图 8-14 晶体的电抗-频率特性曲线

8.5.2 并联晶体振荡器

并联晶体振荡器电路如图 8-15 所示,晶体 B 作为反馈元件,并联于晶体管 VT 的集电极与基极之间,R_1、R_2 是晶体管 VT 的基极偏置电阻,R_3 为集电极电阻,R_4 为发射极电阻,C_1 为基极旁路电容。

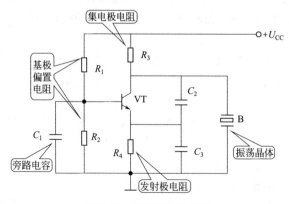

图 8-15 并联晶体振荡器

图 8-16 所示为并联晶体振荡器的交流等效电路，从交流等效电路中可以看出，这是一个电容三点式振荡器，晶体 B 在这里可以等效为一个电感元件使用，与振荡回路电容 C_2、C_3 一起组成并联谐振回路，决定电路的振荡频率。

并联晶体振荡器的稳频过程：因为晶体的电抗曲线非常陡峭，可等效为一个随频率有很大变化的电感。当由于温度、分布电容等因素使振荡频率降低时，晶体的振荡电感量就会迅速减小，迫使振荡频率回升。反之，则作反方向调整。最终使得振荡器具有很高的频率稳定度。

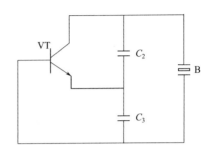

图 8-16　并联晶体振荡器等效电路

8.5.3　串联晶体振荡器

串联晶体振荡器如图 8-17 所示，晶体管 VT_1、VT_2 组成两级阻容耦合放大器。晶体 B 与电容 C_2 串联后作为两级放大器的反馈网络，R_1、R_3 分别为 VT_1、VT_2 的基极偏置电阻，R_2、R_4 分别为 VT_1、VT_2 的集电极负载电阻，C_1 为两管间的耦合电容，C_3 为振荡器输出耦合电容。

串联晶体振荡器的交流等效电路如图 8-18 所示。从图中可以看出，两级放大器的输出电压（ VT_2 的集电极电压）与输入电压（ VT_1 的基极电压）同相，晶体 B 在这里等效为一个纯电阻使用，将 VT_2 的集电极电压反馈到 VT_1 的基极，构成正反馈网络。电路振荡频率由晶体的固有串联谐振频率决定。

串联晶体振荡器的稳频过程：因为晶体的固有谐振频率非常稳定，在反馈电路中起着带通滤波器的作用。当电路频率等于晶体的串联谐振频率时，晶体呈现为纯阻性，实现正反馈，电路振荡。当电路频率偏离晶体的串联谐振频率时，晶体呈现为电容或电感，不

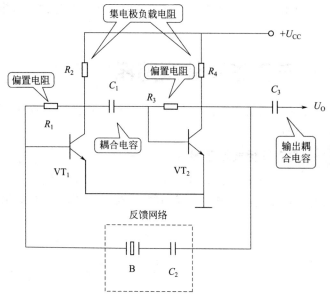

图 8-17　串联晶体振荡器

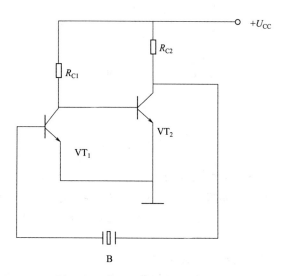

图 8-18　串联晶体振荡器等效电路

满足振荡的相位条件。因此，振荡频率只能等于晶体的固有串联谐振频率。

8.6 RC 正弦波振荡器

RC 正弦波振荡器有移相式振荡器、桥式振荡器和双 T 网络式振荡器等类型。

8.6.1 RC 移相式振荡器

RC 移相式振荡器电路如图 8-19 所示。图中虚线右侧是一共射放大电路，左侧是由三个形式相同的 RC 电路组成的选频网络。

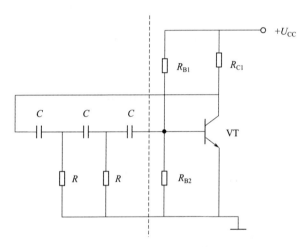

图 8-19　RC 移相式振荡器

为了说明 RC 电路是如何选频的，从图 8-19 所示的电路中取出一个 RC 电路，如图 8-20 所示。因为电阻 R 两端的电压与流过它的电流是同相的，所以电容 C 中的电流都超前其两端电压 90°。当 RC 两端的输入信号 u_1 频率很低时，电容的容抗 $X_C \gg R$，R 对电流的影响可以忽略，因此电流超前 u_1 90°。电阻两端的电压也超前 u_1 将近 90°，但幅度很小；反之，当 u_1 频率很高时，容抗 X_C 可以忽略，相当于 u_1 直接加在电阻 R 的两端，$u_2 = u_1$，相位也基本相同。不难想象，如果 u_1 的频率适中，那么 u_2 的相位超前的角度在 $0° \sim 90°$ 之间，与频率无关。

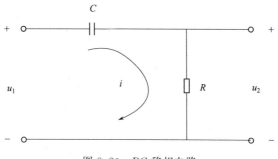

图 8-20　RC 移相电路

由此看出，只要有三个这样的 RC 电路，便可对某一频率的 u_1 移相 $180°$。而如果把这样的三个电路作为反馈网络接在晶体管 VT 的集电极与基极之间，即可实现正反馈。

移相式振荡器的振荡频率不仅与每个 RC 电路的 R 和 C 值有关，而且还与放大电路的负载电阻 R_c 和输入电阻 R_1 有关。通常为了设计方便，总是使每个 RC 电路的 R 和 C 完全一样，且令 $R_c = R$，$R \gg R_1$。当满足这些条件后，移相式振荡器的振荡频率为：

$$f_0 = \frac{1}{2\sqrt{6}\,\pi RC}$$

为了满足起振，三极管的 β 值应满足 $\beta \geqslant 29$，β 越大，起振越容易。

RC 移相式振荡器的优点是电路结构简单，但输出波形失真大。

8.6.2　RC 桥式振荡器

RC 桥式振荡电路是产生几十千赫兹以下信号的低频振荡电路，目前常用的低频信号源大都属于这种正弦波振荡电路。

图 8-21 所示是典型桥式振荡电路，它是利用 RC 串并连接网络作为选频反馈回路的。为了说明该电路能否产生正弦波振荡，首先分析 RC 串并电路的频率特性。

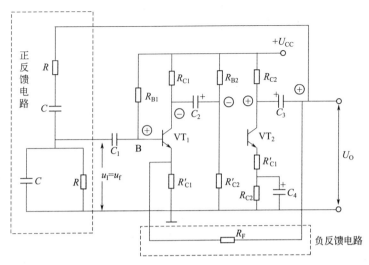

图 8-21　RC 桥式振荡电路

（1）RC 串并电路的选频特性

图 8-22（a）所示是 RC 串并电路的频率响应。对于 RC 串并网络而言，u_1 为输入电压，u_0 为输出电压。图 8-22（b）、（c）所示为反映 u_0 与 u_1 幅度相对大小与输入信号频率 f 之间关系的曲线（称幅频特性），以及 u_0 与 u_1 相位差大小与信号频率 f 之间关系的曲线（称相频特性）。

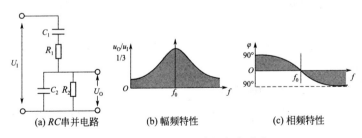

(a) RC 串并电路　　(b) 幅频特性　　(c) 相频特性

图 8-22　RC 串并电路的频率响应

幅频特性表明 RC 串并电路具有选频能力，这是因为电容的容抗 $X_C = 1/2\pi f$。因而，当 u_1 的幅度固定，仅改变信号频率 f 时，

输出 u_O 的幅度也随频率的改变而不同。当 $f=0\text{Hz}$ 时，C_1 相当于开路，$u_O=0\text{V}$；当频率 f 增大时，电容容抗减小，输出 u_O 不等于 0V，且随频率 f 的增大，u_O 也增大。但由于 C_2 的容抗也随频率 f 升高而减小，当频率 f 增大到某个数值后，若继续增大 f，这时 u_O 反而下降；当 $f \to \infty$ 时，$u_O=0\text{V}$。显然，频率 f 在 $0 \sim \infty$ 之间变化，u_O 的变化过程经历了一个从无到有，再从有到无的过程。这期间存在一个幅度最大的频率点，这个频率就是振荡频率

$$f_0 = \frac{1}{2\pi\sqrt{R_1C_1R_2C_2}}$$

若 $R_1=R_2=R$，$C_1=C_2=C$，则上式可化简为

$$f_0 = \frac{1}{2\pi RC}$$

图 8-22（c）的相频特性说明：当 u_1 的频率为零时，u_O 超前 u_1 $90°$；当 u_1 的频率 $f \to \infty$ 时，u_O 滞后 u_1 $90°$；只有当 $f=f_0$ 时，u_O 与 u_1 同相。综上所述，RC 串并电路具有正反馈和选频作用。

（2）桥式振荡电路的振荡条件

图 8-21 所示电路中，可得到反馈系数

$$F = \frac{\dot{U}_f}{\dot{U}_O} = \frac{\dfrac{-jRX_C}{R-jX_C}}{R-jX_C+\dfrac{-jRX_C}{R-jX_C}} = \frac{1}{3+j\dfrac{R^2-X_C^2}{RX_C}}$$

对应振荡频率 $f_0 = \dfrac{1}{2\pi RC}$，则有 $|F| = \dfrac{U_f}{U_O} = \dfrac{1}{3}$。因此，满足振幅平衡条件的 A_u 为 $A_u = \dfrac{1}{F} = 3$。

为了保证电路顺利起振，$A_u > 3$，这不难达到。

为了使放大器起振后 $A_u=3$，在电路中引入负反馈。图中 R_F 是反馈电阻，属于电压串联负反馈。它使放大器的输入电阻提高，输出电压降低，从而削弱放大器对选频回路的影响。

第9章 Chapter 9 ?

脉冲波形的产生与整形

　　下面主要介绍由正反馈电路构成的矩形脉冲产生电路。由于矩形脉冲含有大量谐波，因而这类电路又称为多谐振荡器。

　　依据电路中稳定状态的多少，矩形脉冲产生电路可分为双稳态电路、单稳态电路及无稳态电路。双稳态电路又称为触发器，而无稳态触发器又称为多谐振荡器或张弛振荡器。

　　依据电路结构上的特点，矩形脉冲产生电路又可分为集电极-基极耦合、射极耦合以及运算放大器构成等电路形式。

　　本章先介绍双稳态电路，接着介绍单稳态电路及无稳态电路，最后介绍 555 定时器组成的各类脉冲产生与整形电路。

9.1 双稳态电路

　　晶体管构成的双稳态触发器包括集电极-基极耦合双稳态触发器（集-基耦合双稳态触发器电路）和射极耦合双稳态触发器两种形式。

9.1.1 集-基耦合双稳态触发器电路

　　图 9-1 所示电路为集-基耦合双稳态触发器电路。

　　从图 9-1 可以看出，集-基耦合双稳态触发器电路是由两个对称的共射放大电路构成的，两者集电极与基极之间通过电阻 R_{11} 和

R_{12} 相互交叉耦合。图 9-2 所示为其简化图。

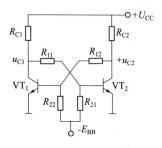

图 9-1　集-基耦合双稳态
触发器电路

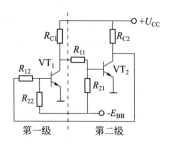

图 9-2　集-基耦合双稳态触发器
电路简化图

从图 9-2 可以看出，该电路实际上就是一个闭环的两级直流放大器。第二级放大器的输出直接反馈到第一级的输入端，为一个正反馈电路。为使用方便，通常两个放大电路是对称的，即 $R_{11} = R_{12}$，$R_{21} = R_{22}$，$R_{C1} = R_{C2}$，VT_1 与 VT_2 的参数也相同。

该电路共有两个稳定状态。两个放大电路不可能完全对称，因此它们的集电极电流 i_{C1} 和 i_{C2} 就不可能完全相同，当 $i_{C1} > i_{C2}$ 时，引起的正反馈过程如下：

$$i_{C1} \uparrow \to u_{C1} \downarrow \to u_{B2} \downarrow \to i_{C2} \downarrow \to u_{C2} \uparrow \to u_{B1} \uparrow \to i_{C1} \uparrow$$

这样，i_{C1} 会迅速增加到最大，最终使得 VT_1 进入饱和状态、VT_2 截止，电路进入稳定状态；当 $i_{C1} < i_{C2}$ 时，也会引起类似的正反馈过程，最终导致 VT_1 截止，VT_2 进入饱和状态，电路进入稳定状态。

该电路达到某种稳定状态后，都不会自动转变为另一种状态，只有通过某种输入才能使电路的状态发生改变。

集-基耦合双稳态触发器有单端触发方式和计数触发方式两种状态。

（1）单端触发方式

图 9-3 所示电路是一个具有单端触发方式的集-基耦合双稳态触发器。其工作原理是：设电路的初始状态为 VT_1 截止、VT_2 饱和，此时如果在 S 端输入触发脉冲 u_{12}，该触发脉冲在 B 点产生负

尖峰脉冲，使 VD 导通，随之

$$u_{B2} \downarrow \rightarrow VT_2 \ 截止 \rightarrow u_{C2} \uparrow \rightarrow VT_1 \ 饱和$$

这样，该电路就从一个稳态变成了另外一个稳态。同理，此时在 R 端输入触发脉冲后，可以使电路恢复到初始状态。

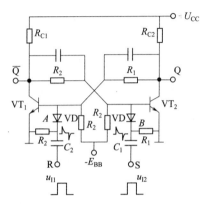

图 9-3　采用单端触发方式的集-基耦合双稳态触发器

（2）计数触发方式

图 9-4 所示电路是一个具有计数触发方式的集-基耦合双稳态触发器。图中，VD_1、R_{11}、C_{11} 和 VD_2、R_{12}、C_{12} 组成两个触发输入引导电路，将计数脉冲引入饱和管的基极，两个引导电路的输入端连接在一起，作为计数触发输入端 CP。

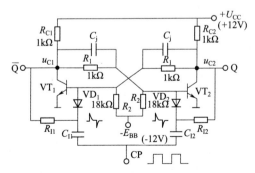

图 9-4　采用计数触发方式的集-基耦合双稳态触发器

其工作原理是：初始状态下，VT_1 饱和、VT_2 截止，当触发脉冲 CP 作用时，同时在 VD_1 和 VD_2 阴极产生的负尖脉冲，不会使 VD_2 导通，但使 VD_1 导通并使 VT_1 截止、VT_2 达到饱和，电路的状态发生了改变。

由此可见，触发器的状态将会随着触发脉冲的周期性改变而周期性变化。

9.1.2 射极耦合双稳态触发器

射极耦合双稳态触发器又称施密特触发器，施密特触发器最重要的特点是能够把变化缓慢的输入信号整形成边沿陡峭的矩形脉冲。同时，施密特触发器还可利用其回差电压来提高电路的抗干扰能力。它由两级直流放大器组成，其电路结构和波形如图 9-5 所示。

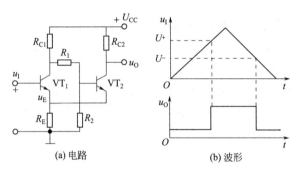

(a) 电路　　　　(b) 波形

图 9-5　射极耦合双稳态触发器电路及波形

该电路也有两个稳定状态，但它是靠电位触发的。它的两个状态分别为 VT_1 饱和、VT_2 截止与 VT_2 饱和、VT_1 截止。两个稳定状态的相互转换取决于输入信号的大小，当输入信号电位达到接通电位且维持在大于接通电位时，电路保持为某一稳定状态；如果输入信号电位降到断开电位且维持在小于断开电位时，电路迅速翻转且保持在另一状态。该电路常用于电位鉴别、幅度鉴别及对任意波形进行整形。

图中，VT_1 的集电极输出经过 R_1、R_2 分压后，连接到 VT_2 的基极，VT_2 的发射极电流通过电阻 R_E 耦合到 VT_1 的发射极，形成了正反馈。

射极耦合双稳态触发器的工作原理是：当 $u_1 = 0V$ 时，电路的初始状态为 VT_1 截止、VT_2 饱和，当 u_1 增大时将会产生如下的正反馈过程：

$$u_1 \uparrow \rightarrow i_{B1} \uparrow \rightarrow i_{C1} \uparrow \rightarrow u_{C1} \downarrow \rightarrow u_{B2} \downarrow \rightarrow i_{B2} \downarrow \rightarrow i_{C2} \downarrow \rightarrow u_E$$
$$\downarrow \rightarrow u_{BE1} \uparrow \rightarrow i_{B1} \uparrow$$

如此，将最终导致电路迅速转换到 VT_1 饱和、VT_2 截止的状态。

此后，u_1 开始下降，又会出现如下的正反馈过程：

$$u_I \downarrow \rightarrow i_{B1} \downarrow \rightarrow i_{C1} \downarrow \rightarrow u_{C1} \uparrow \rightarrow u_{B2} \uparrow \rightarrow i_{B2} \uparrow \rightarrow i_{C2} \uparrow \rightarrow u_E$$
$$\uparrow \rightarrow u_{BE1} \downarrow \rightarrow i_{B1} \downarrow$$

最终，使电路恢复到初始状态。

9.1.3 基本 RS 双稳态触发器

RS 触发器是构成其他各种功能触发器的基本组成部分，故称为基本 RS 触发器。

（1）与非门构成的基本 RS 双稳态触发器

由两个与非门的输入和输出交叉耦合组成的基本 RS 触发器的电路如图 9-6（a）所示，图 9-6（b）为其逻辑符号。

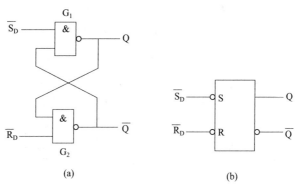

图 9-6　由两个与非门组成的基本 RS 触发器的电路结构及逻辑符号

$\overline{R_D}$ 和 $\overline{S_D}$ 为信号输入端，它们上面的非号表示低电平有效，在逻辑符号中用小圆圈表示。Q 和 $\overline{Q}$ 是两个输出端，触发器处于稳态时，它们的输出状态相反。

下面根据与非门的逻辑关系来分析基本 RS 触发器的逻辑功能。

① 当 $\overline{R_D}=0$、$\overline{S_D}=1$ 时，触发器置 0。因 $\overline{R_D}=0$，G_2 输出 $\overline{Q}=1$，这时 G_1 的输入均为高电平 1，G_1 输出 $Q=0$。使触发器处于 0 状态的输入端 $\overline{R_D}$ 称为置 0 端，也称复位端。

② 当 $\overline{R_D}=1$、$\overline{S_D}=0$ 时，触发器置 1。根据电路的对称结构，读者可自行进行分析。使触发器处于 1 状态的输入端 $\overline{S_D}$ 称为置 1 端，也称置位端。

③ 当 $\overline{R_D}=1$、$\overline{S_D}=1$ 时，触发器保持原状态不变。如触发器处于 0 态，则 $Q=0$ 反馈到 G_2 的输入端，G_2 因输入有低电平 0，输出 $\overline{Q}=1$；$\overline{Q}=1$ 又反馈到 G_1 的输入端，G_1 输入均为高电平，输出 $Q=0$。电路保持 0 状态不变。

④ 当 $\overline{R_D}=0$、$\overline{S_D}=0$ 时，触发器状态不定。这时触发器输出 $Q=\overline{Q}=1$，这与两个互补输出端相矛盾。实际上，由于两个与非门 G_1、G_2 电气性能的差异，其输出状态无法预知，可能是 0 状态，也可能是 1 状态。因此，这种情况是不允许出现的，为了保证基本 RS 触发器能正常工作，不出现 $\overline{R_D}$ 和 $\overline{S_D}$ 同时为 0，要求 $\overline{R_D}+\overline{S_D}=1$。

为了便于区别，通常将触发器接收输入信号之前的状态称为触发器的现态，用 Q^n 表示；将触发器接收输入信号之后的状态称为触发器的次态，用 Q^{n+1} 表示。

基本 RS 触发器的逻辑功能可用表 9-1 来表示。

表 9-1　由与非门组成的基本 RS 触发器的特性表

$\overline{R_D}$　$\overline{S_D}$	Q^n	Q^{n+1}	功能说明
0　　0	0	$\times$	禁用
	1	$\times$	

$\overline{R_D}$ $\overline{S_D}$	Q^n	Q^{n+1}	功能说明
0 1	0 1	0 0	置0
1 0	0 1	1 1	置1
1 1	0 1	0 1	保持

由表 9-1 可得到由与非门组成的基本 RS 触发器的特性方程为：

$$Q^{n+1} = S_D + \overline{R_D} Q^n$$

$$\overline{R_D} + \overline{S_D} = 1 \quad （约束条件）$$

（2）由或非门组成的基本 RS 触发器

图 9-7（a）所示电路为由两个或非门构成的基本 RS 触发器，图 9-7（b）所示电路为其逻辑符号。该触发器用高电平作为输入信号，也称高电平有效。用或非门构成的基本 RS 触发器的逻辑功能，读者可以仿照前述由与非门组成的基本 RS 触发器的方法，自行分析。

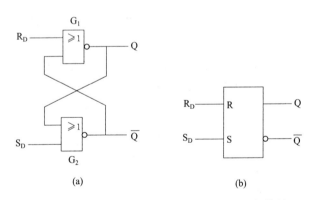

(a)　　　　　　　　(b)

图 9-7　由或非门组成的基本 RS 触发器及逻辑符号

由与非门组成的基本 RS 触发器的特性方程如下：

$$Q^{n+1} = S_D + \overline{R_D} Q^n$$

$$R_D S_D = 0 \quad （约束条件）$$

（1）光敏检测报警器

光敏检测报警器电路原理图如图 9-8 所示。图中虚线框内部分是典型的射极耦合双稳态电路，即施密特触发电路。电路中，虚线框左侧部分是常见的串联型稳压电源；右侧部分为一光控基本放大电路。

无光照时，光敏二极管 VD_4 呈高阻态，三极管 VT_5 截止输出高电平，使得施密特触发电路处于 VT_4 饱和、VT_3 截止状态。这时，发光二极管不发光，压电陶瓷蜂鸣器 B 不报警；有光照时，光敏二极管 VD_4 呈低阻态，三极管 VT_5 饱和输出低电平，使得施密特触发器电路处于 VT_4 截止、VT_3 饱和状态。这时，发光二极管 VD_4 发光，压电陶瓷蜂鸣器 B 发出报警声。

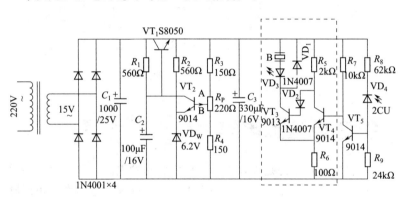

图 9-8　光敏检测报警器电路原理图

（2）声控开关电路

声控开关电路原理图如图 9-9 所示。该电路主要由音频放大、双稳态和驱动电路三部分组成。三极管 VT_1、电阻 R_2、R_4 和三极管 VT_2、电阻 R_5、R_6 组成两级音频放大电路；三极管 VT_3、VT_4 及电阻 R_8、R_{10}、R_{11}、R_{12} 等组成双稳态电路；三极管 VT_5 及外围元件组成驱动电路，主要通过继电器 K 线圈得电与否来实现控制其触点开合的目的；BM 为驻极体话筒。

该电路的工作原理是：电源接通时，双稳态电路的状态为VT_3截止、VT_4饱和，这时三极管VT_5截止，继电器K不吸合，绿色显示灯VD_6亮。当驻极体话筒BM接收到音频信号时，此信号经电容C_1耦合至VT_1的基极，放大后由集电极直接反馈至VT_2的基极，在VT_2的集电极得到一负方波，经微分电路处理后得到一负尖脉冲波，通过VD_2加至VT_4基极，使双稳态电路迅速翻转，维持继电器K吸合，绿色显示灯VD_6熄灭，红色显示灯VD_5亮。

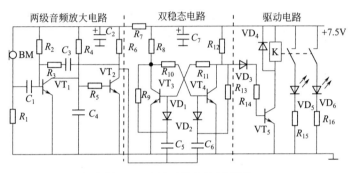

图 9-9　声控开关电路原理图

9.2 单稳态电路

单稳态电路指的是仅存在一个稳定状态的电路，其主要的功能是在外加触发脉冲作用下，自动产生一定宽度和一定幅度的矩形脉冲波，这样的波形是许多电子工程设备中需要的控制信号。下面介绍几种单稳态触发电路。

9.2.1　集-基耦合单稳态触发电路

如果将图 9-1 所示的集-基耦合双稳态触发电路中的一个反馈电阻R_{12}替换成电容C，又将一个电阻R_{22}由$-E_{BB}$改接到$+U_{CC}$，就构成了集-基耦合单稳态触发电路，如图 9-10 所示，图中亦示出了触发方式。负极性触发脉冲u_T经微分电路C_T、R_T及隔离二极管VD引入晶体管VT_1的基极。一次触发脉冲作用，便自动地在晶

体管 VT_1 和晶体管 VT_2 的集电极形成极性相反、宽度为 T_P 的正、负矩形波。偏压 E_T 是为提高触发抗干扰能力而设置的。

图 9-10 所示的集-基耦合单稳态触发电路只有一个稳定状态，即晶体管 VT_1 饱和、晶体管 VT_2 截止的状态。在没有外加触发脉冲或其他干扰的作用下，电路的状态会一直保持下去。但是，在外加触发脉冲作用下，电路状态会发生突变，突变后的状态是晶体管 VT_1 截止、晶体管 VT_2 饱和的状态，不过这样的状态并不是永久性的稳定状态，而是暂时性的稳定状态。由于电容 C 放电的过渡历程，电路会自动地返回起始的稳定状态，即晶体管 VT_1 饱和、晶体管 VT_2 截止的稳定状态。

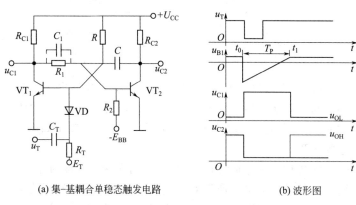

(a) 集-基耦合单稳态触发电路   (b) 波形图

图 9-10   集-基耦合单稳态触发电路及其波形

图 9-10（b）所示为电路的波形图。设 $t > t_0$ 时刻，电路处于起始稳态。通常，为加速晶体管由饱和状态转向放大状态这一过程，在电阻 R_1 上并联一个不大的电容 C_1，其值在 $10 \sim 100\text{pF}$ 之间。不难看出，暂时稳定状态的持续时间 T_P 与外加触发脉冲无关，它是由电容 C 放电的快慢来决定的。

电路状态第二次突变后，电路内部的过渡过程并不能立即完成。

9.2.2   由门电路组成的单稳态触发器

（1）微分型单稳态触发器

图 9-11 所示电路是采用与非门构成的单稳态触发器及其波形。

U_1 是输入触发信号，为低电平触发。U_{O1} 和 U_{O2} 是输出信号。由于这一电路中的 R 和 C 构成微分电路，所以称为微分型单稳态触发器。

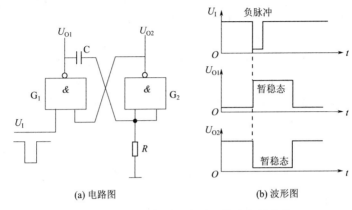

(a) 电路图　　　　　　　　(b) 波形图

图 9-11　与非门构成的微分型单稳态触发器

① 稳态。静态时，由于没有输入信号，U_1 为高电平，这一高电平加到与非门 G_1 的一个输入端。同时，由于电容 C 的隔直作用，与非门 G_2 的输入端为低电平，这样与非门 G_2 输出高电平，即 U_{O2} 为高电平。

U_{O2} 高电平加到与非门 G_1 的另一个输入端，这样与非门 G_1 的两个输入端都是高电平，所以 U_{O1} 输出低电平，在电路没有有效触发信号输入时，电路保持 U_{O1} 为低电平、U_{O2} 为高电平这一稳态。

② 暂稳态。当输入信号 U_1 从高电平变为低电平时，与非门 G_1 从低电平变为高电平，即 U_{O1} 从低电平突变为高电平，这一高电平经电容 C 加到与非门 G_2 的输入端（因电容两端的电压不能突变），使与非门 G_2 输出端 U_{O2} 从高电平变成低电平。这种 U_{O1} 为高电平、U_{O2} 为低电平的状态是暂时的，称为暂稳态。

③ 从暂稳态自动返回到稳态。在 U_{O1} 输出高电平期间，U_{O1} 通过电阻 R 对电容 C 充电，其充电回路是：$U_{O1} \rightarrow C \rightarrow R \rightarrow$ 地。随着电容 C 充电的进行，电容 C 两端的电压越来越高，电容 C 极性为左正右负，与此同时，与非门 G_2 输入端的电压越来越低，当低到一定程度时，与非门 G_2 输入端为低电平，其输出端 U_{O2} 变成高电

平。由于此时负脉冲触发信号已消失，输入信号 U_I 已为高电平，这样与非门 G_1 两个输入端都是高电平，所以 U_{O1} 输出低电平。这样，电路又进入了稳态。

图 9-12 所示电路是或非门电路构成的另一种微分型单稳态触发器。需要说明的是，这种电路加一个正脉冲时，则进入暂稳态。

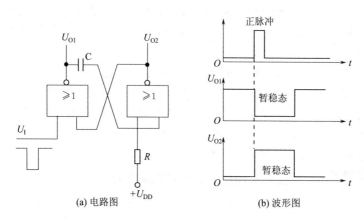

(a) 电路图   (b) 波形图

图 9-12　或非门构成的微分型单稳态触发器及其波形

（2）积分型单稳态触发器

图 9-13 所示电路是采用或非门的积分型单稳态触发器电路。电路中，U_I 是输入触发脉冲信号，U_O 是输出信号。由于这一电路中的电阻 R 和电容 C 构成积分电路，所以称为积分型单稳态触发器。

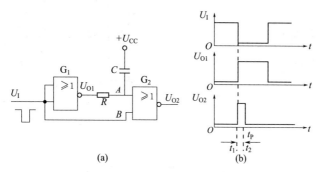

(a)   (b)

图 9-13　或非门组成的积分型单稳态触发器及其波形

电路的稳态为 $U_I = 1V$，$U_{O1} = 0V$，$U_{O2} = 0V$，这与前面的电路显然有区别，前面电路中 U_{O1} 和 U_{O2} 总是相反，但此处两者却相同。t_1 时刻加低电平触发电压 U_I，电路翻转为 $U_{O1} = 1$，从电路可以看出，此时门 G_2 的输入端 B 为低电平（与 U_I 相同），输入端 A 由于 RC 的积分作用使其电位不能立即升高，因而门 G_2 的输出 $U_{O2} = 1$。若 U_I 的低电平时间足够长，则门 G_1 的输出 U_{O1} 也就维持同样长时间的高电平，这样，RC 积分电路才能够有足够的时间对电容 C 充电，A 点电位才能够缓慢地上升到 G_2 的开门电平，最终在 t_2 时刻使门 G_2 的输出端返回低电平；暂稳态时间 $t_p = t_2 - t_1$，当使用 CMOS 门电路时，可以推导出 $t_p \approx 0.7RC$，其波形如图 9-13（b）所示。应特别注意的是，该电路的触发电压 U_I 的低电平时间务必大于 t_p，否则 A 点的电位无法升高至门 G_2 的开门电平，则触发器也就无法进入暂稳态。

9.2.3 运算放大器构成的单稳态触发电路

如图 9-14 所示电路为一种运算放大器构成的单稳态触发电路。图中，运算放大器输出电压 u_O 经电阻 R_1、R_2 分压后送至运算放大器的同相输入端，而定时电容器 C 与二极管 VD 的并联支路接于运算放大器的反相输入端，负极性触发脉冲 u_T 经 C_T、R_T 电路及隔离二极管 VD_T 馈送至运算放大器的同相输入端。

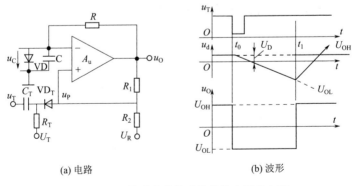

(a) 电路　　　　　　　　　　(b) 波形

图 9-14　运算放大器构成的单稳态触发电路

如图 9-14 所示的运算放大器构成的单稳态触发电路唯一的稳定状态是输出端处于高电平状态。当运算放大器处于高电平状态时，其同相输入端电压 $u_P = U_H$，其值为

$$U_H = \frac{U_{OH} + \dfrac{R_1}{R_2}U_R}{1 + \dfrac{R_1}{R_2}}$$

而反相输入端的电压 $u_C = U_D$，这里 U_D 为二极管 VD 的导通电压。

显然，电路存在稳定状态的条件是

$$U_H > U_D$$

在起始稳定状态下，隔离二极管截止的条件是

$$U_H < U_D$$

9.2.4 单稳态应用电路

图 9-15 所示为模拟楼道节能灯电路。图中，三极管 VT_1、VT_2 和电阻 $R_1 \sim R_4$ 及电容器 C 组成典型的单稳态电路，是一个首尾相接的正反馈放大器。按钮开关 S 起从稳态到暂稳态翻转的触发作用；三极管 VT_3 和电阻 R_4、R_5 组成放大电路，电阻 R_4 既是 VT_2 的集电极负载，又是 VT_3 的基极偏置电阻，R_5 和发光二极管 VD 为三极管 VT_3 的集电极负载；R_3 是 VT_2 到 VT_1 的直流耦合电阻，使得 VT_1 的直流工作状态受到 VT_2 的控制。

该电路的工作原理如下。

① 稳态。图 9-15 所示电路的结构决定了它只有一种稳态，即三极管 VT_1 截止、VT_2 饱和导通。在这种状态下，电容器 C 充得"左正右负"的电压，发光二极管 VD 因三极管 VT_2 集电极输出低

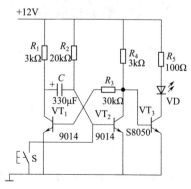

图 9-15　模拟楼道节能灯电路

电位、VT$_3$ 截止而不亮。

② 触发翻转。若按一下按钮开关 S，三极管 VT$_2$ 则会因基极对地短接而退出饱和导通状态，进入放大状态，使得 VT$_2$ 集电极电位升高，经电阻 R_3 加至三极管 VT$_1$ 基极，使 VT$_1$ 从原来的截止状态进入放大状态。此时 VT$_1$ 的集电极电位下降，经电容器 C 耦合，使 VT$_2$ 基极电位进一步下降，从而形成一个强烈的正反馈，VT$_2$ 迅速截止、VT$_1$ 迅速饱和，电路进入暂稳态。

三极管 VT$_3$ 因 VT$_2$ 截止而导通，使得发光二极管 VD 发光。

③ 暂稳态。VT$_2$ 截止、VT$_1$ 饱和后，电容器 C 放电。放电时间常数为

$$\tau = R_2 C$$

暂稳态时电路输出高电平的持续时间，即输出脉冲宽度为

$$t_{P1} = 0.69 R_2 C$$

可见，暂稳态持续时间完全由电路参数决定，而与外界信号无关。

④ 自动翻转。随着电容器 C 放电时间的推移，其右端电位不断升高，加在三极管 VT$_2$ 基极的电位也不断升高，VT$_2$ 又由截止状态进入微导通状态，电路进入另一个正反馈过程，使 VT$_1$ 迅速截止、VT$_2$ 迅速饱和，电路跳变为低电平。

9.3 无稳态电路

因为多谐振荡器在工作过程中不存在稳定状态，故称为无稳态触发器。多谐振荡器（无稳态触发器）是一种自励振荡电路，其基本的功能是：当电路接通电源后，无需外接触发信号就能产生一定频率和幅值的矩形脉冲波或方波。多谐振荡器的电路形式很多，常用的有集-基耦合自励多谐振荡器、运算放大器构成的自励多谐振荡器及 RC 环形多谐振荡器。

9.3.1 集-基耦合无稳态电路

图 9-16 所示电路为集-基耦合无稳态电路。若三极管所处的状态局限在饱和、截止状态上，则图 9-16 所示的饱和-截止型自谐振

荡器有 $2^2=4$ 种可能的状态组合。其中，除去截止-截止这种不可能存在的状态组合外，其余三种状态组合均是可能存在的。其中，除深度饱和-饱和这种状态外，其余两种均是不稳定的。由于外部干扰或者内部热骚动，若电路的环路增益 $A>1$，电路将产生自励振荡。电路状态将在截止-饱和以及饱和-截止两种状态组合间来回切换。但是，当电路处于深度饱和-饱和状态组合时，微小的波动不足以将电路带入再生区，因而会出现电路停止振荡的现象。

防止电路不起振的一种无稳态触发器如图 9-17 所示。这样的电路不存在两个三极管同时处于饱和状态的问题，下面用反证法加以说明：假定晶体管 VT_1 和 VT_2 均处于饱和状态，则 VT_1 的集电极电压 $u_{C1}=U_{CES1}$，VT_2 的集电极电压 $u_{C2}=U_{CES2}$，相应的基极电压 $u_{B1}=U_{BES1}$，$u_{B2}=U_{BES2}$。由图 9-17 可知，二极管 VD_1 及 VD_2 均截止，没有通路为 VT_1 和 VT_2 提供相应的基极电流，使它们处于饱和状态，这与假设相矛盾。因而，图 9-17 所示的电路不存在 VT_1 和 VT_2 同时饱和的状态。

这样，一旦接通电源 U_{CC}，在电路参数选择正确的前提下，一定会产生振荡。

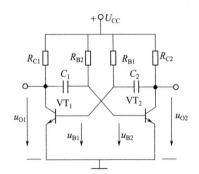

图 9-16 集-基耦合无稳态电路

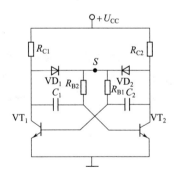

图 9-17 防止电路不起振的一种无稳态触发器

9.3.2 TTL 与非门 RC 环形多谐振荡器

（1）电路组成

具有 RC 延时网络的 TTL 与非门环形多谐振荡器如图 9-18 所

示。电路由门 $G_1 \sim G_3$、电阻 R、R_S 和电容 C 组成。其中，R 和 C 作为电路中的延时网络。

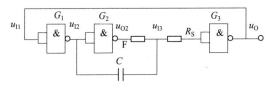

图 9-18　TTL 与非门环形多谐振荡器

（2）工作原理

① 从第一暂态自动翻转到第二暂态的过程。设通电瞬间，u_{I1} 有一瞬时增量，而这一增量进入与非门 G_1 的输入端，使得 G_1 输出 u_{O1} 为低电平，G_2 输出 u_{O2} 为高电平，由于此时电容器 C 的两端电压为 0V，故 u_{I3} 也为低电平，从而保证了输出 u_O 为高电平，也使 u_{I1} 保持为高电平，电路进入第一暂稳态，视为暂态 I。其正反馈过程示意为：

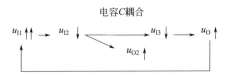

暂态 I 情况下，由于 u_{O2} 为高电平，u_{I3} 为低电平，故 u_{O2} 经电阻 R 对电容 C 充电，使 u_{I3} 上升。当 u_{I3} 升至门 G_3 的阈值电压 U_T 时，又将出现另一个正反馈过程：

$$u_{I3} \uparrow\uparrow \geqslant U_T \longrightarrow u_O \downarrow \quad u_{I1} \downarrow \longrightarrow u_{I2} \uparrow \longrightarrow u_{O2} \downarrow$$
电容 C 耦合

电路进入第二暂态，视为暂态 II。这时电容 C 两端参考极性为左负右正。

② 从第二暂态自动翻转到第一暂态的过程。进入第二暂稳态后，u_{I2} 高电平通过电阻 R 对电容 C 反向充电，使得 u_{I3} 的电平逐渐下降，当其降至与非门的关门电平时，门 G_3 关闭，u_O 从低电平跃

变到高电平，电路返回第一暂稳态。

从以上分析可知，多谐振荡器的两个暂稳态的相互转换是通过 R 、C 的正、反向充电来实现的，第一暂稳态和第二暂稳态的维持时间取决于 u_{I3} 处充电和放电的过程。

9.3.3 分立元件组成的多谐振荡器

图 9-19 所示是由分立元件组成的自激多谐振荡器。由图可见，该电路是左右完全对称的，它的左右两半部分的元件从型号到参数都是相同的。尽管如此，在接通电源的瞬间，总会因为左右电路间的微小差异而产生不同的导电状态。设电源接通后，VT_1 导电强些，则 VT_1 的集电极电流 I_{C1} 增加，集电极电位 U_{O1} 下降，经电容 C_1 耦合后引起 VT_2 的基极电流 I_{B2} 减小，U_{C2} 升高；U_{C2} 的变化又通过电容 C_2 的耦合，全部加在 VT_1 的基极上，使 VT_1 的基极电流 I_{B1} 增加，I_{C1} 增加……这个正反馈积累过程为

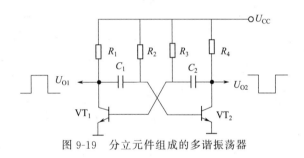

图 9-19　分立元件组成的多谐振荡器

$$I_{C1} \uparrow \rightarrow U_{O1} \downarrow \rightarrow I_{B2} \downarrow \rightarrow U_{C2} \uparrow \rightarrow I_{B1} \uparrow \rightarrow I_{C1}$$

由于强烈的正反馈，几乎在瞬时 VT_1 饱和、VT_2 截止。但是，VT_1 饱和、VT_2 截止只是一个暂稳定状态。当进入暂稳状态后，C_2 将通过 R_4、VT_1 的 B-E 结构成的回路充电（电压极性左负右正）；另外，C_1 将通过 VT_1 的 C-E 结、R_1 构成回路，将本身储存的电荷（左正右负）逐渐释放。这样 U_{B2} 逐渐上升，当 U_{B2} 高于晶体三极管导通电压后，将发生如下的正反馈过程：

$$U_{B2} \uparrow \rightarrow I_{B2} \uparrow \rightarrow U_{O2} \downarrow \rightarrow I_{B1} \downarrow \rightarrow U_{C1} \uparrow \rightarrow U_{B2} \uparrow$$

由于强烈的正反馈，VT_2 饱和、VT_1 截止。U_{O1} 输出为高电平，

U_{O2} 输出为低电平。此后，一方面 C_1 将通过 R_1、VT_2 的 B-E 结构成的回路充电（电压极性左正右负）；另一方面，C_2 将通过 VT_2、R_3 构成的回路放电，U_{B1} 相应提高。当 U_{B1} 高于三极管导通电压后，又产生使 VT_1 导通、VT_2 截止的正反馈过程，于是形成振荡。从 VT_1、VT_2 集电极输出的电压是矩形脉冲。这种多谐振荡器的振荡周期 $T = 0.7R_1C_1 + 0.7R_2C_2 = 1.4RC$，输出幅度接近电源电压。

9.3.4 运算放大器构成的无稳态触发器

将图 9-14 所示的运算放大器构成的单稳态触发电路的二极管 VD 及触发脉冲 u_T 的馈送支路去掉，便构成了如图 9-20 所示的运算放大器无稳态触发器。

如图 9-20（b）所示，设时间 $t < t_0$，稳定的振荡过程已经建立，则稳态持续期 T_{P1} 及 T_{P2} 的计算同运算放大器单稳态电路。

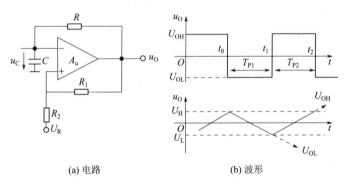

(a) 电路   (b) 波形

图 9-20　运算放大器无稳态触发器

9.4 集成 555 定时器

555 定时器是一种数字电路与模拟电路相结合的中规模集成电路，其应用极为广泛，通过其外部不同的连接，可以构成单稳态触发器和多谐振荡器。

利用 555 定时器可方便地组成脉冲产生、整形、延时和定时电路。555 定时器的电源电压范围宽，对于 TTL 555 定时器为 5～

16V，CMOS 555 定时器为 $3\sim18V$，可提供一定的输出功率。TTL 单定时器型号的最后 3 位为 555，双定时器为 556；CMOS 单定时器的最后 4 位为 7555，双定时器为 7556。它们的引脚编号和逻辑功能是一致的。

9.4.1 555 定时器的电路结构

下面以 CMOS 集成定时器 CC7555 为例进行介绍。图 9-21（a）所示电路为集成定时器 CC7555 的逻辑图，图 9-21（b）为其逻辑功能示意图。它由电阻分压器、电压比较器、基本 RS 触发器、MOS 开关管和输出缓冲级组成。

电阻分压器由 3 个阻值相同的电阻 R 串联而成，为两个电压比较器 C_1、C_2 提供基准电压。C_1 的基准电压为 $\frac{2}{3}V_{DD}$，C_2 的基准电压为 $\frac{1}{3}V_{DD}$。CO 为控制端，当 CO 端的电压为 U_{CO} 时，可改变电压比较器的基准电压。CO 不用时，通常对地接 $0.01\mu F$ 的电容，以消除高频干扰。

G_1、G_2 两个或非门构成基本 RS 触发器。$\overline{R_D}$ 为直接置 0 端。当 $\overline{R_D}=0$ 时，G_5 输出为 1，基本 RS 触发器置 0，Q=0，输出 $u_O=0V$，它与阈值输入端 TH 和触发输入端 $\overline{TR}$ 有无信号无关。正常工作时，$\overline{R_D}$ 端接高电平。

G_3 和 G_4 组成输出缓冲级。它有较强的电流驱动能力，同时，G_4 还可隔离外接负载对定时器工作的影响。

三极管 V 作为开关管，当 Q=0 时，G_3 输出高电平，三极管 V 导通；当 Q=1 时，G_3 输出低电平，三极管 V 截止。

根据图 9-21 可分析 CC7555 的逻辑功能。555 定时器的工作原理如下。

当 $TH>\frac{2}{3}V_{DD}$，$\overline{TR}<\frac{1}{3}V_{DD}$ 时，电压比较器 C_1、C_2 分别输出 R=1、S=0，基本 RS 触发器置 0，Q=0、$\overline{Q}=1$，输出 $u_O=0$，这时 CMOS 管 V 导通。

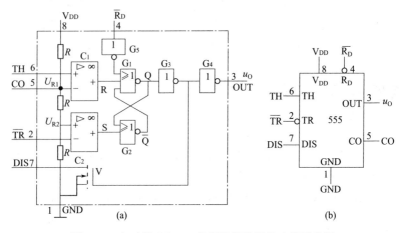

图 9-21 定时器 CC7555 的逻辑图及逻辑功能示意图

当 $TH < \frac{2}{3}V_{DD}$、$\overline{TR} < \frac{1}{3}V_{DD}$ 时，电压比较器 C_1、C_2 分别输出 $R=0$、$S=1$，基本 RS 触发器置 1，$Q=1$、$\overline{Q}=0$，输出 $u_O=1$，这时 CMOS 管 V 截止。

当 $TH < \frac{2}{3}V_{DD}$、$\overline{TR} > \frac{1}{3}V_{DD}$ 时，电压比较器 C_1、C_2 分别输出 $R=0$、$S=0$，基本 RS 触发器保持原来状态不变，输出 u_O 保持不变。

上述 CC7555 定时器的工作原理可列表说明，如表 9-2 所示。

表 9-2 CC7555 定时器的逻辑功能

输入			输出	
TH	$\overline{TR}$	$\overline{R_D}$	OUT（u_O）	V 状态
×	×	0	0	导通
$> \frac{2}{3}V_{DD}$	$> \frac{1}{3}V_{DD}$	1	0	导通
$< \frac{2}{3}V_{DD}$	$< \frac{1}{3}V_{DD}$	1	1	截止
$< \frac{2}{3}V_{DD}$	$> \frac{1}{3}V_{DD}$	1	保持	保持

将 555 定时器的 $\overline{\text{TR}}$ 端作为触发信号 u_1 的输入端，同时将放电端 DIS 和阈值输入端 TH 相连后与定时元件 R 、C 相连，便组成了单稳态触发器，如图 9-22 所示。

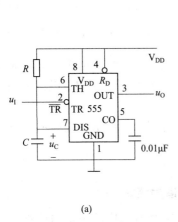

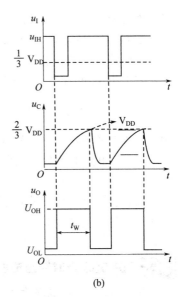

(a)   (b)

图 9-22 由 555 定时器组成的单稳态触发器和工作波形

参照图 9-22（b）给出的电压波形分析单稳态触发器的工作原理。

（1）稳定状态

当没有输入负跃变的触发信号时，u_1 为高电平 U_{IH} ，它大于 $\frac{1}{3}V_{DD}$ 。接通电源前电容 C 上的电压 $u_C \approx 0\text{V}$ 。

接通电源 V_{DD} 时，V_{DD} 经电阻 R 对电容 C 进行充电，其电压 u_C 随之上升。当 $u_C \geqslant \frac{2}{3}V_{DD}$ 时，比较器 C_1 输出 $R=1$ 。由于 $u_I = U_{IH} > \frac{1}{3}V_{DD}$ ，比较器 C_2 输出 $S=0$ ，触发器置 0，$Q=0$，G_3 输出高电平，V 导通，电容 C 通过 V 迅速放电，$u_C \approx 0\text{V}$，这时输出 u_O

为低电平 U_{OL} 。由于 $u_C \approx 0V$，$u_1 = U_{IH}$，因此，R＝0，S＝0，触发器保持原状态不变，电路处于稳定状态。

（2）暂稳态

当输入 u_1 由高电平 U_{IH} 负跃到小于 $\frac{1}{3}V_{DD}$ 时，比较器 C_2 输出 S＝1，而此时 R＝0，触发器置1，Q＝1，输出由低电平 U_{OL} 正跃到高电平 U_{OH} 。与此同时，V 截止，电源 V_{DD} 经电阻 R 对电容 C 进行充电，电路进入暂稳态。

随着电容 C 的充电，u_C 随之上升。在此期间，u_1 回到高电平 U_{IH} 。当 $u_C \geqslant \frac{2}{3}V_{DD}$ 时，比较器 C_1 输出 R＝1，而比较器 C_2 输出 S＝0，触发器置0，Q＝0，V 导通，电容 C 经 V 迅速放电，$u_C \approx 0V$，输出 u_O 由高电平 U_{OH} 负跃到低电平 U_{OL} 。电路自动返回到稳定状态。

单稳态触发器输出脉冲宽度 t_W 可利用一阶 RC 电路的三要素公式进行计算，其宽度为：

$$t_W = RC\ln3 \approx 1.1RC$$

9.4.3　由 555 定时器组成的多谐振荡器

图 9-23（a）所示电路为由 555 定时器组成的多谐振荡器，图 9-23（b）为其工作波形。R_1、R_2、C 是外接元件。

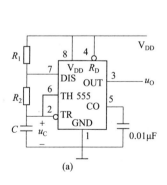

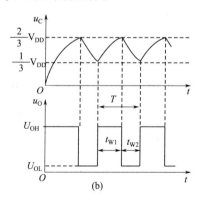

图 9-23　由 555 定时器组成的多谐振荡器和工作波形

参照图 9-23（b）所示的工作波形介绍多谐振荡器工作原理。

接通电源前，电容 C 上的电压 $u_C = 0V$。接通电源 V_{DD} 后，V_{DD} 经 R_1、R_2 对电容 C 进行充电，u_C 随之上升。当 $u_C > \dfrac{2}{3}V_{DD}$ 时，比较器 C_1 和 C_2 输出 R＝1、S＝0，触发器置 0，Q＝0，输出 u_O 跃变到 U_{OL}。与此同时，G_3 输出的高电平使 V 导通，电容 C 经 R_2 和 V 进行放电，u_C 随之减小。当 $u_C < \dfrac{1}{3}V_{DD}$ 时，比较器 C_1 和 C_2 输出 R＝0、S＝1，触发器置 1，Q＝1，输出 u_O 由低电平 U_{OL} 正跃变到高电平 U_{OH}，这时，V 截止，电源 V_{DD} 又经 R_1、R_2 对电容 C 进行充电。当 $u_C > \dfrac{2}{3}V_{DD}$ 时，电路输出状态又发生变化。电容 C 周而复始地充电和放电便产生了振荡。

第一个暂稳态的脉冲宽度 t_{W1}，即电容 C 充电的时间

$$t_{W1} = (R_1 + R_2)C\ln 2 \approx 0.7(R_1 + R_2)C$$

第二个暂稳态的脉冲宽度 t_{W2}，即电容 C 充电的时间

$$t_{W2} = R_2 C\ln 2 \approx 0.7 R_2 C$$

多谐振荡器的振荡周期 T 为

$$T = 0.7(R_1 + 2R_2)C$$

振荡频率 f 为

$$f = \frac{1}{T} = \frac{1}{0.7(R_1 + 2R_2)C} \approx \frac{1.43}{(R_1 + 2R_2)C}$$

输出波形的占空比 q 为

$$q = \frac{T_{W1}}{T_{W1} + T_{W2}} = \frac{R_1 + R_2}{R_1 + 2R_2}$$

9.4.4　555 定时器组成的应用电路

（1）声控延时照明节能灯电路

图 9-24 所示电路为声控延时照明节能灯电路。该控制电路由整流稳压电路、声/电转换电路及放大电路、单稳态延时电路和晶闸管触发电路等组成。

晶闸管选用反向击穿电压不低于 400V 的双向硅，如 3CTS1A、

TLC221T/S 等。B 选用 CRZ2-2 型灵敏度较高的驻极体话筒。VT$_1$、VT$_2$ 分别选用 NPN 型小功率管 9014、9013。

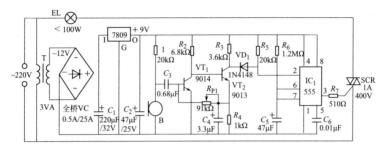

图 9-24　声控延时照明节能灯电路

声/电转换器件 B 采用灵敏度较高的驻极体话筒。当有声响发生时，B 将声音信号转换成电信号，经 C$_3$ 耦合加至 VT$_1$、VT$_2$ 的输入端，将微弱信号放大后触发单稳态电路。调节 R$_{P1}$ 可改变放大器的增益和声控灵敏度。

555 和 R$_6$、C$_5$ 等组成单稳态触发电路。平时，由于 R$_5$ 的接入，555 处于复位状态，即 3 脚输出低电平，晶闸管 SCR 截止，电灯 EL 不亮。当有声响时，VT$_2$ 集电极输出的交变信号经 VD$_1$ 后，其负极性部分触发 555，使其翻转置位，3 脚输出高电平，经限流电阻 R$_7$ 触发晶闸管 SCR 导通，电灯 EL 点亮。电灯 EL 点亮的时间是单稳态电路触发后的暂稳态时间，即 $t = 1.1R_6C_5$。

该控制电路适用于暗室、地下室、密闭库房等自然光较弱的场所，当有人发出声响时（如脚步声、击掌声、咳嗽声等），电灯就会自动点亮，人离开后自动熄灭。

（2）用 555 定时的人体探测节能灯控制电路

图 9-25 所示电路为用 555 定时的人体探测节能灯控制电路。传感器采用热释电传感器 P228。光控电路由光敏三极管 VT$_2$ 和晶体管 VT$_3$ 组成。驱动电路采用固态继电器 SF5D-M1。NE555 和外围器件构成单稳态电路。

在白天，VT$_2$ 受到环境光线的作用，其光电流使 VT$_3$ 导通，NE555 的复位端 4 脚一直保持高电平，3 脚输出低电平，继电器

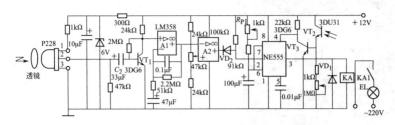

图 9-25　用 555 定时的人体探测节能灯控制电路

KA 释放，照明灯 EL 不亮。晚上，VT_2 不受光照，VT_3 截止，NE555 的 4 脚为高电平，使 NE555 等构成的单稳态电路处于待触发状态。

当传感器探测范围内无人走动时，电压比较器 A2 的同相输入端电压低于反相输入端的电压，电压比较器 A2 输出高电平，VD_2 截止，NE555 的 2 脚为高电平，单稳态电路处于复位状态，其 3 脚输出低电平，继电器 KA 释放，照明灯 EL 不亮。

当有人在传感器探测范围内走动时，热释电传感器 P228 的 2 脚相应输出一个随人体移动频率变化的交流信号，经 C_2 耦合、VT_1 和 A1 放大，其输出使反相输入端电位高于同相输入端电压，A2 输出低电平，VD_2 导通，NE555 的 2 脚为低电平，3 脚输出高电平，NE555 处于暂稳态，继电器 KA 吸合，照明灯 EL 点亮。人离开后，当 NE555 的定时一到，3 脚恢复低电平，继电器 KA 释放，照明灯自动熄灭。

照明灯 EL 点亮的时间是单稳态电路触发后的暂稳态时间，可通过调节电位器 R_{P1} 来调整。

第10章 Chapter 10 ⑦

音频功率放大电路

10.1 功率放大器基础知识

功率放大器的任务是向负载提供足够大的功率，这就要求功率放大器不仅要有较高的输出电压，还要求有较大的输出电流，因此，功率放大器中的晶体管通常工作在高电压大电流下，晶体管的损耗也比较大。此外，功率放大器从电源取用的功率较大，为提高电源的利用率，必须尽可能提高功率放大器的效率。以上是功率放大器和电压放大器的主要区别。功率放大器的效率是指负载得到的交流信号功率与直流电源供出功率的比值。降低放大器的静态工作点是提高效率的主要途径。

10.1.1 低频功率放大器的基本要求

一个性能良好的低频功率放大器应满足以下要求。

（1）要求有足够大的输出功率

由于低频功率放大电路要输出足够大的功率驱动负载，所以要求功率放大晶体三极管有足够大的电压和电流输出幅度，但又不允许超过功率放大晶体三极管的各项极限参数，如反向击穿电压 $U_{(BR)CEO}$、集电极最大允许电流 I_{CM}、集电极最大允许耗散功率 P_{CM}。

（2）要求有较高的效率

所谓效率，是指负载得到的交流信号功率与电源供给的直流功率之比值。由于大功率放大电路的能量消耗较大，所以必须要考虑放大器的效率问题。所以功率放大电路输出功率越大，效率就越高，故低频功率放大电路应着重考虑如何将一定的直流电源能量转换成尽可能大的输出交流信号能量。

（3）要求非线性失真小

由于低频功率放大电路一般是直接用于收音机或高保真音响设备中的，所以对电路的非线性失真有严格的要求。

（4）要求功率放大晶体三极管散热应良好

由于功率放大电路消耗功率大，功率放大晶体三极管发热量大、温度较高，所以必须安装良好的散热装置，否则会严重影响低频功率放大电路的功率输出效果。

10.1.2 功率放大器的类型

低频功率放大电路的分类有两种，一种是按低频功率放大电路静态工作点的设置分类，另一种是按功率放大器输出端的特点分类。

（1）按低频功率放大电路静态工作点的设置分类

按低频功率放大电路静态工作点可分为甲类放大电路、乙类放大电路、甲乙类放大电路。甲类放大电路、乙类放大电路、甲乙类放大电路静态工作点的设置如图 10-1 所示。

甲类放大电路如图 10-1（a）所示，甲类功率放大电路的静态工作点 Q 在交流负载线的中点。其特点是：功率放大管在输入信号的整个周期内都处于放大状态。优点是输出信号无失真现象，缺点是静态电流大，效率低。

乙类放大电路如图 10-1（b）所示，其静态工作点 Q 设置在交流负载线的截止点。它的特点是：功率放大管仅只在输入信号的正半周期内导通工作，输出信号为半波信号。如果将两个功率管组合起来交替工作，让某一个功率放大管在输入信号的正半周内导通，另一个功率放大管在输入信号的负半周内导通，那么它们的输出信号在负载上就可以合成为一个完整的全波信号。该电路的优点是：无输入信号时，静态电流几乎为零，所以功耗很小，效率高。其缺点是：会出现交越失真现象。

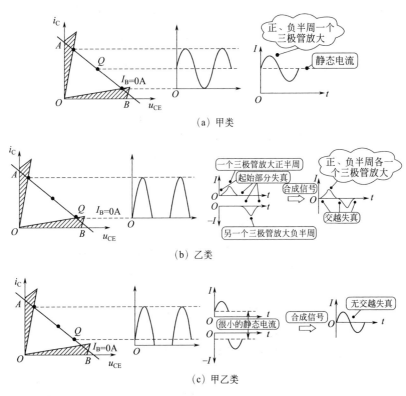

图 10-1 功率放大器三种工作状态

甲乙类放大电路如图 10-1（c）所示，这种电路的静态工作点 Q 设置在交流负载线上略高于乙类工作点的地方。其优点是：静态工作电流仍然很小，效率仍较高。目前，实用的功率放大电路经常采用这种方式。

（2）按功率放大器输出端的特点分类

① 变压器耦合功率放大电路。

② 无输出变压器耦合功率放大电路（又称 OTL 电路）。

③ 无输出电容器耦合功率放大电路（又称 OCL 电路）。

④ 桥式功率放大电路（又称 BTL 电路）。

10.2 常用的功率放大电路

10.2.1 甲类功率放大器

图 10-2 所示是甲类功率放大器的典型电路，级间采用变压器耦合方式。T_1 是输入耦合变压器，T_2 是输出耦合变压器，R_1 和 R_2 分别为基极上偏电阻和下偏电阻，电源电压 U_{CC} 经 R_1 和 R_2 分压后，在 A 点获得一个直流电压 U_A，U_A 经 T_1 的次级送到 VT 的基极，作为 VT 的基极偏置电压。在分析时可忽略变压器的直流压降，即 VT 的基极直流电压就等于 U_A。R_3 是发射极的反馈电阻，因其上接有旁路电容 C_2，故 R_3 只有直流反馈作用，可稳定 VT 的静态工作点。

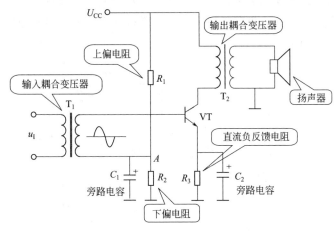

图 10-2　甲类功率放大器的典型电路

对于交流而言，T_1 次级的上端接在 VT 的基极上，下端接地，而 VT 的发射极对交流信号也是接地的，所以，T_1 次级上信号全部加在 VT 的基极与发射极之间。经 VT 放大后的交流信号电流流过 T_2 的初级线圈，在初级线圈上产生信号电压，经变压后送到扬声器，推动扬声器工作。采用变压器耦合信号具有阻抗变换作用，能实现阻抗匹配，使扬声器获得最大功率。

甲类功率放大器主要有以下特点。

① 由于信号的正、负半周用一个三极管来放大，信号的非线性失真很小，声音的音质比较好，这是甲类功率放大器的主要优点之一，所以一些音响中采用这种放大器作为功率放大器。

② 信号的正、负半周用同一个三极管放大，使放大器的输出功率受到限制，效率比较低，实际效率只有 30％左右。一般情况下甲类功率放大器的输出功率不可能做得很大。

③ 功率三极管的静态工作电流比较大，没有输入信号时对直流电压的损耗比较大，当采用电池供电时这一问题更加突出，因此对电源的消耗大。

10.2.2 乙类推挽功率放大器

乙类推挽功率放大器的效率比甲类功率放大器高得多，但它需要两个同型号的三极管来组成，乙类推挽功率放大器的原理电路如图 10-3 所示。

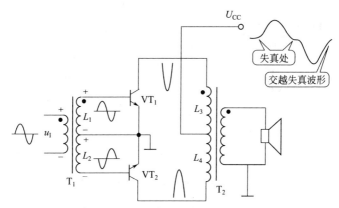

图 10-3 乙类推挽功率放大器的原理电路

两个放大管 VT_1 和 VT_2 基极没有静态工作电流，电路没有静态损耗。输入变压器 T_1 的次级和输出变压器 T_2 的初级都有中心抽头。T_1 次级的 L_1 和 L_2 绕组分别接在 VT_1 和 VT_2 的基极和发射极之间，为 VT_1、VT_2 的输入回路提供输入信号。

输入信号 u_1 加在变压器 T_1 的初级线圈上，从而在其次级分别感应出大小相等、相位相反的信号加在 VT_1 和 VT_2 的输入回路。在输入信号为正半周时，VT_1 基极信号极性为正，而 VT_2 基极信号极性为负，故 VT_1 导通，VT_2 截止。VT_1 将信号放大后，由 T_2 的 L_3 绕组耦合到次级绕组，推动扬声器工作。显然，在输入信号为负半周时，VT_1 截止，VT_2 导通。可见，VT_1 和 VT_2 是交替工作的，它们各自放大半周信号，再由输出变压器放大的信号进行合成，形成完整的信号输出。

乙类推挽功率放大器的特点。

① 输入信号为正、负半周各用一个三极管放大，可以有效地提高放大器的输出功率，其实际效率可达 60% 左右，即乙类放大器的输出功率可以做得很大。

② 输入功放管的信号幅度已经很大，可以用输入信号自身电压使功放管正向导通，进入放大状态。

③ 在没有输入信号时，没有静态损耗，这样比较省电。

④ 由于三极管工作在放大状态，三极管又没有静态偏置电流，而是用输入信号给三极管加正向偏置，这样在输入较小的信号时或大信号的起始部分，三极管还处在截止区。由于截止区是非线性的，这样将会在输出波形的两个半周交界处产生非线性失真，放大器的这种失真称为交越失真，如图10-4所示。

10.2.3 甲乙类功率放大器

为了克服交越失真，必须使输入信号避开三极管的截止区，可以给三极管加入很小的静态偏置电流，使 VT_1 和 VT_2 工作在甲乙类状态，使输出信号不失真，如图10-5所示。

电路中，VT_1 和 VT_2 构成功放输出级电路，R_1 和 R_2 构成两管基极电阻，分别给 VT_1 和 VT_2 提供很小的静态偏置电流，使两管

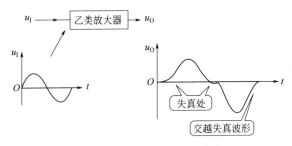

图 10-4　乙类功率放大器的交越失真示意图

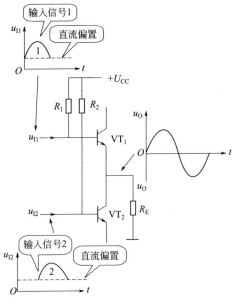

图 10-5　甲乙类推挽功率放大器

工作在临界导通状态，这样输入信号便能直接进入三极管的放大区。

甲乙类功率放大器具有以下特点。

① 甲乙类功率放大器同乙类放大器一样，用两个三极管分别放大输入信号的正、负半周信号，但是电路中增加了基极偏置电

阻，保证三极管工作在临界放大状态。

② 由于给三极管所加的静态偏置电流很小，因此在没有输入信号时放大器对直流电源的损耗很小，也具有省电的优点；另外，由于加入偏置电流克服了三极管进入截止区，输出信号不存在失真。因此，甲乙类功率放大器具有甲类和乙类放大器的优点，同时又克服了这两种放大器的缺点。

③ 电路中增加了发射极电阻 R_E，其阻值很小，主要起电流串联负反馈的作用，以改善放大器的性能。

10.3 OTL 互补对称功率放大器

互补对称功率放大器又称 OTL（Output Transformerless）电路，传统的功率放大器采用变压器耦合，经输出变压器与负载连接，而在互补对称功率放大器中没有输出变压器。

10.3.1 OTL 基本功率放大电路

（1）OTL 基本功率放大电路的工作原理

图 10-6 所示为 OTL 基本功率放大电路。OTL 基本功率放大电路采用一对特性相同但极性不同的配对管，基极相连为信号的输入端，发射极相连为信号的输出端。

在输入信号的正半周，两管的基极电压都升高，对于 PNP 型 VT_2 来说，发射结因加反向偏置电压而截止，没有输出信号；对于 NPN 型管 VT_1 来说，发射结因加正向偏置电压而导通，VT_1 导通后从发射极输出放大后的正半周信号，此时流过扬声器的电流方向如图中的带箭头的实线所示。与此同时电源向电容器 C 充电，使电容

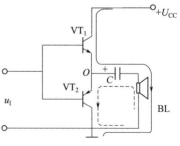

图 10-6　OTL 基本功率放大电路

器 C 充有左正右负的电压，为负半周的工作做好准备。

在输入信号的负半周，两管的基极电压同时下降，VT_2 因发射结正偏转为导通，VT_1 因发射结反偏转为截止，这时电源无法向 VT_2 供电，只能靠电容器 C 的放电为 VT_2 供电，在负载 BL 上得到负半周放大后的信号，此时流过扬声器的电流方向如图中的虚线所示。

（2）OTL 基本功率放大电路的特点与应用

① OTL 电路采用单电源供电，输出端 O 点直流电压为电源电压的一半。

② 输出端与负载之间采用大容量电容器耦合，没有输出变压器。

③ 额定输出功率约为 $U_{CC}^2/(8R_L)$，为提高输出功率，可采用较高的直流电源供电。

④ OTL 电路由于采用单电源供电，电路简单，是目前应用最为广泛的一种功率放大器。

10.3.2　实用 OTL 功率放大电路

（1）电路结构和工作原理

图 10-7 所示电路为实用 OTL 功率放大电路，VT_1（NPN 型）和 VT_2（PNP 型）是两个不同类型的三极管，两管特性相同。

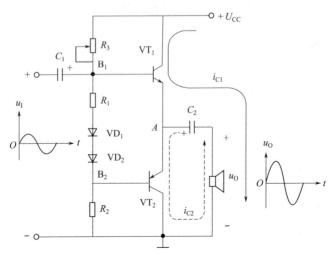

图 10-7　OTL 互补对称功率放大器

在静态时，调节 R_3，使 A 点的电位为 $\frac{1}{2}U_{CC}$，输出耦合电容 C_1 上的电压即为 A 点和"地"之间的电位差，也等于 $\frac{1}{2}U_{CC}$ 并获得合适的直流电压 U_{B1B2}，使 VT_1 和 VT_2 两管工作在甲乙类状态。

当输入交流信号 u_1 时，在 u_1 的正半周，VT_1 导通，VT_2 截止，电流 i_{C1} 的通路如图中实线所示；在 u_1 的负半周，VT_1 截止，VT_2 导通，电容 C_2 放电，电流 i_{C2} 的通路如图中虚线所示。

由此可见，在输入信号 u_1 的一个周期内，电流 i_{C1} 和 i_{C2} 以正反方向交替流过扬声器，在扬声器上合成而获得一个交流输出信号电压 u_O。为了使输出波形对称，在 C_2 放电过程中，其上电压不能下降过多，因此 C_2 的容量必须足够大。

此外，由于二极管的动态电阻很小，R_1 的阻值也不大，所以 VT_1 和 VT_2 的基极交流电位基本相等，否则会造成输出波形正、负半周不对称的现象。

由于静态电流很小，功率损耗也很小，因而提高了效率。在理论上可以证明其效率可达 78.5%。

（2）复合管

上述互补对称功率放大器要求有一对特性相同的 NPN 型和 PNP 型功率输出管，在输出功率较小时，可以选配这对晶体管，但在要求输出功率较大时，就很难配对。因此在输出功率大的场合，往往采用复合管来代替互补对称管。复合管是由两个或两个以上的三极管采用复合法而构成的高 β 值大功率管，复合管有两种类型，即 NPN 型复合管和 PNP 型复合管，如图 10-8 所示。

当多个三极管构成复合管时，复合管的管型由第一个管子决定，复合管的 β 值等于各个管子 β 值之积。

10.3.3 OTL 电路中的自举电路

OTL 功率放大器中要设自举电路，如图 10-9 所示。电路中的 C_1、R_1 和 R_2 构成自举电路。C_1 为自举电容，R_1 为隔离电阻，R_2 将自举电压加到晶体三极管 VT_2 的基极。

（1）自举电路的作用

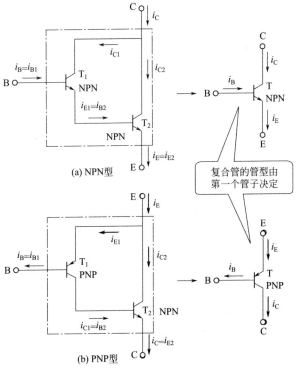

图 10-8 复合管

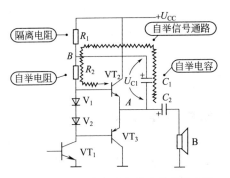

图 10-9 OTL 功率放大器中的自举电路

不加自举电路，晶体三极管 VT_1 集电极信号为正半周期间 VT_2 导通放大，当输入到 VT_2 基极的信号比较大时，VT_2 基极信号电压增大。由于 VT_2 发射极电压跟随基极电压变化而变化，使 VT_2 发射极电压接近直流工作电压 $+U_{CC}$，造成 VT_2 集电极与发射极之间的直流工作电压 U_{CE} 减小，VT_2 容易进入饱和区，使三极管基极电流不能有效地控制集电极电流。

换句话讲，三极管集电极与发射极之间的直流工作电压 U_{CE} 减小后，基极电流需要增大许多才能使三极管电流有一些增大，显然使正半周大信号输出受到限制，造成正半周大信号的输出不足，所以必须采用自举电路加以补偿。

（2）自举电路静态工作原理

静态时，直流工作电压 $+U_{CC}$ 经电阻 R_1 对电容 C_1 进行充电，使电容 C_1 上充有上正下负的电压 U_{C1}，B 点的直流电压高于 A 点电压。

（3）电路的自举过程

加入自举电压后，由于 C_1 容量很大，它的放电回路时间常数很大，使 C_1 上的电压 U_{C1} 基本不变。正半周大信号出现时，A 点电压升高导致 B 点电压也随之升高。

电路中，B 点升高的电压经电阻 R_2 加至三极管 VT_2 基极，使 VT_2 基极上信号电压更高（正反馈），有更大的基极信号电流激励 VT_2，使 VT_2 发射极输出信号电流更大，补偿因 VT_2 集电极与发射极之间直流工作电压 U_{CE} 下降而造成的输出信号电流不足。

（4）自举电路中隔离电阻的作用

自举电路中，电阻 R_1 用来将 B 点的直流电压与直流工作电压 $+U_{CC}$ 隔离，使 B 点直流电压有可能在某瞬间超过 $+U_{CC}$。当 VT_2 中正半周信号幅度很大时，A 点电压接近 $+U_{CC}$，B 点直流电压更大，并超过 $+U_{CC}$，此时 B 点电流经 R_1 流向电源 $+U_{CC}$（对直流电源 $+U_{CC}$ 进行充电）。

10.3.4 OTL 功率放大器输出电路特征

（1）分立元件 OTL 功率放大器输出电路特征

如图 10-10（a）所示是分立元件 OTL 放大器输出电路，这一电路的特征如下。

① 输出端接有两个电解电容器。

② 输出端通过一个大容量的耦合电容 C_2 与扬声器相连。

③ 输出端耦合电容容量很大，自举电容容量较大。输出功率较小的放大器中，可以不设自举电容。

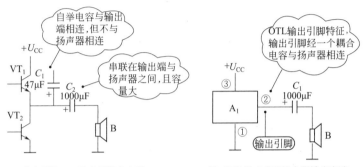

(a) 分立元件OTL放大器输出电路   (b) OTL集成功率放大器输出电路

图 10-10　OTL功率放大器输出电路特征

（2）集成 OTL 功率放大器输出电路特征

如图 10-10（b）所示是 OTL 功率放大器集成电路输出电路，① 脚是接地引脚，② 脚是输出引脚，③ 脚是电源引脚。这一电路的特征是：OTL 功率放大器集成电路输出引脚②通过一个容量很大的电容器与扬声器相连。

10.4 OCL 功率放大器电路

10.4.1 OCL 基本功率放大电路

（1）电路结构

如图 10-11 所示为 OCL 基本功率放大电路，图中 VT_1 和 VT_2 是特性相同但极性不同的配对管。VT_1 和 VT_2 两管的集电极分别与对称的正、负直流电源相连，两管的基极相连是信号的输入端，两管的发射极相连是信号的输出端。

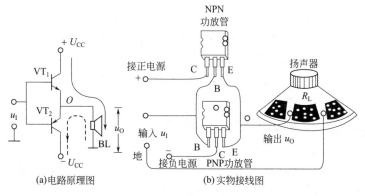

图 10-11　OCL 基本功率放大电路

（2）工作原理

静态时，两管均处于截止状态。由于两管特性相同，内阻一样，又采用对称的直流电源供电，所以输出端 O 点静态电压为 0V。

在输入信号正半周时，两管的基极电位同时升高，由于两管的极性不同，基极上的输入信号使 VT_1 发射结正向偏置，VT_1 处于放大状态；而正半周的输入信号使 VT_2 发射结反偏截止。此时，流过扬声器的电流方向是自上而下的，如图中的带箭头的实线所示。

在输入信号负半周时，两管的基极电位同时下降，使 VT_1 发射结反偏截止，VT_2 进入放大状态。此时流过扬声器的电方向是自下而上（因地比负电源高）的，如图中的虚线所示。

从以上分析可以看出，OCL 功率放大电路利用了 NPN 型和 PNP 型对管的互补特性，用一个信号同时激励晶体管 VT_1、VT_2 轮流导通与截止，分别放大交流信号的正、负半周，负载上得到的是一个放大了的完整信号。这种电路通常称为无变压器耦合互补推挽放大电路。

（3）电路特点

① 要采用良好平衡性的对称正、负直流电源供电，电源结构复杂。

② 输出端直流电压为 0V，不需要输出耦合电容，低频特性好。

③ 由于扬声器一端接地，直接与放大器相连，故障时直流电压升高，而扬声器的直流电阻很小，所以需加设保护电路。

④ 负载可获得的最大功率为 $U_{CC}^2/(2R_L)$。

⑤ OCL 功率放大电路主要用于输出功率较大的场合，如组合音响、扩音机电路中。

10.4.2 实用 OCL 功率放大电路

OCL 基本功率放大电路，由于没有直流偏置电路，在正负半周的交界处，输入电压较低，输出对管都截止，输出电压与输入电压不存在线性关系，存在一小段死区，会出现如图 10-4 所示的交越失真现象。

如图 10-12 所示为 OCL 互补对称放大器，该电路可以有效消除交越失真的现象，得到的波形接近于理想正弦波。图 10-12（a）所示是 OCL 原理图，图 10-12（b）是电位的简化画法。

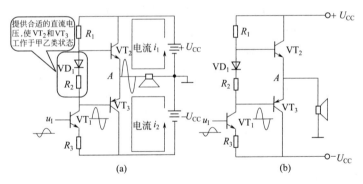

图 10-12　OCL 互补对称放大器

图 10-12 所示电路工作于甲乙类状态，它与 OTL 电路的区别有两点：一是不要输出电容；二是采用双电源供电。VT_2 采用正电源（$+U_{CC}$）供电，VT_3 采用负电源（$-U_{CC}$）供电，这两个电源的大小是相等的。扬声器接在功放对管的中点（A 点）与地之间，因 VT_2 和 VT_3 的参数非常接近，故 A 点电位为 0V。

当 VT_1 输出信号为正半周时，VT_2 导通，VT_3 截止，VT_2 对正半周信号进行放大，放大后电流从发射极输出至扬声器。此时，$+U_{CC}$ 担负着给 VT_2 供电的任务，回路电流如图中 i_1 所示。当 VT_1 输出信号为负半周时，VT_3 工作，VT_2 截止，VT_3 对负半周信号进行放大，放大后电流从发射极输出至扬声器。此时，$-U_{CC}$ 担负着给 VT_3 供电的任务，回路电流如图中 i_2 所示。

从以上分析可知，OCL 电路与 OTL 电路工作原理相同，只不过在 OCL 电路中，由于没有输出耦合电容，所以必须增加一个电源 $-U_{CC}$ 给 VT_3 供电。

10.4.3 OCL 功率放大器输出电路特征

（1）分立元件 OCL 功率放大器输出电路特征

如图 10-13（a）所示是分立元件 OCL 功率放大器输出电路，这一输出电路的特征是：输出端直接与扬声器相连。

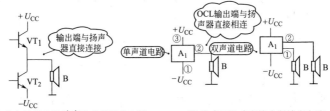

(a) 分立元件OCL功率放大器输出电路　　(b) 集成OCL功率放大器输出电路

图 10-13　OCL 功率放大器输出电路特征

（2）集成 OCL 功率放大器输出电路特征

如图 10-13（b）所示是集成 OCL 功率放大器输出引脚电路。②脚是信号输出引脚，这种集成功率放大器信号输出引脚电路特征是：信号输出引脚②脚与扬声器直接相连，没有耦合元件。双声道电路有两个相同的输出引脚和相同的外电路。

10.5 BTL 功率放大电路

BTL 功率放大电路又称为"桥接推挽功率放大器"。它的主要特点是能在电源电压比较低的情况下输出较大的负载功率。而在相同的电压和负载条件下，它的实际输出功率为 OTL 及 OCL 的 2～3 倍，由于电路输出端与负载间无电容连接，所以它的频率响应好，保真度高，是一些优质的功率放大器的首选电路。

10.5.1 BTL 基本功率放大电路

（1）电路结构

BTL 电路由两组对称的 OTL 或 OCL 电路组成，扬声器接在两组 OTL 或 OCL 电路输出端之间，即扬声器两端都不接地，如图 10-14 所示电路为由两组 OTL 电路组成的 BTL 功放电路。u_1 和 $-u_1$ 为两个大小相等、方向相反的输入信号。VT_1、VT_2 是一组 OTL 电路输出级，VT_3、

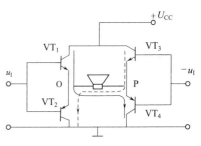

图 10-14　BTL 基本功率放大电路

VT_4 是另一组 OTL 电路输出级，由于 O、P 两输出端的直流电压相等（$U_O = U_P = U_{CC}/2$），所以未设隔直电容。

（2）工作原理

当输入信号 u_1 为正半周而 $-u_1$ 为负半周时，VT_2、VT_3 反偏截止，VT_1、VT_4 正偏导通且电流方向相同，输出信号的电流通路如图中带箭头的实线所示；当输入信号 u_1 为负半周而 $-u_1$ 为正半周时，VT_1、VT_4 反偏截止，VT_2、VT_3 正偏导通且电流方向相同，此时输出信号的电流通路如图中虚线所示。

可见，BTL 电路的工作原理与 OCL、OTL 电路有所不同，BTL 电路每半周都有两个管子一推一挽地工作。

（3）电路特点及应用

① BTL 电路可采用单电源，由两组对称的 OTL 组成，也可采用双电源，由两组对称的 OCL 组成。

② 扬声器接在两组 OTL 或 OCL 电路输出端之间，即扬声器两端都不接地，也不与供电端相连。由于两输出端的直流电压相等

（$U_O = U_P = U_{CC}/2$），所以无需隔直电容。

③ 与 OTL、OCL 相比，在相同电源电压、相同负载情况下，输出功率可增大四倍。

④ 该电路适用于一些低压供电、输出功率较大的电器上。

10.5.2 集成 BTL 功率放大电路

有时候也采用两个集成电路构成 BTL 功率放大电路来提高输出功率。两个集成电路构成的 BTL 功率放大电路的输出功率在理论上可以比单路输出提高 4 倍，实际上通常为 2～3 倍。

图 10-15 所示为用两个 TDA2003 集成功率放大电路组成的 BTL 功率放大电路。

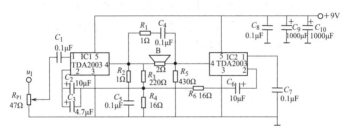

图 10-15 由两块 TDA2003 集成功率放大电路组成的 BTL 功率放大电路

在图 10-15 中，集成功率放大电路 TDA2003 的 1 脚为同相输入端，2 脚为反相输入端，3 脚为电源负极输入端，4 脚为输出端，5 脚为电源正极输入端。

输入音频信号由电位器 R_{P1} 调整其大小后，经电容器 C_1 耦合从集成功率放大电路 IC1 的 1 脚同相输入，经过放大后从 IC1 的 4 脚输出端输出。从 IC1 的 4 脚输出的信号一路供给负载扬声器 B，另一路又通过电阻 R_3、R_4 分压后由电阻 R_6 和电容器 C_6 引至集成功率放大电路 IC2 的 2 脚反相输入端。这个信号经 IC2 放大后，在 IC2 的 4 脚输出一个与 IC1 的 4 脚输出大小相等但相位相反的信号，这两个信号叠加起来，则在扬声器 B 上获得了正弦波峰值电压为直流电源 2 倍的音频信号电压。这样就实现了低电源电压输出较大功率的目的。适当调整（$C_2 + C_3$）与电容器 C_6 的比值，可使

BTL 功率放大器工作于最佳状态。

在图 10-15 中，电阻 R_2 和电容器 C_5 组成高频调整响应电路；电阻 R_1 和电容器 C_4 组成高频补偿网络，以补偿扬声器的音圈电感所产生的附加相移；电容器 C_7 为通交流隔直流电容；电容器 C_8 为电源的高频滤波电容；电容器 C_9、C_{10} 为电源滤波电容。

值得一提的是，由各种集成功率放大电路组成的 BTL 功率放大电路基本上都是按照该模式的形式组成的。

10.5.3 BTL 功率放大器输出电路特征

（1）分立元件 BTL 功率放大器输出电路特征

图 10-16（a）所示为分立元件 BTL 功率放大器输出电路。这一输出电路的特征是：它有两个输出端，晶体管 VT_1 和 VT_2 发射极是一个输出端，VT_3 和 VT_4 发射极是另一个输出端。两个输出端分别与扬声器的两个引脚相连。

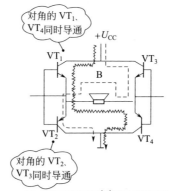

(a) 分立元件BTL功率放大器输出电路

(b) 集成BTL功率放大器输出电路

图 10-16　BTL 功率放大器输出电路特征

（2）集成 BTL 功率放大器输出电路特征

图 10-16（b）所示为集成 BTL 功率放大器输出电路。它有两种电路结构，一种是用 OTL 电路构成 BTL 电路，另一种是用 OCL 电路构成 BTL 电路。这一输出电路的特征是：扬声器直接接在两个信号输出端之间，没有耦合元件，在实用电路中扬声器回路也要接入扬声器保护电路。

10.6 集成功率放大电路

10.6.1 集成功率放大器的基本性能

从应用角度出发，集成功率放大器应具有足够的输出功率，即足够的输出电压、输出电流；在正常工作状态下，应具有尽可能低的输出电压失真；尽可能低的输出噪声；足够的频带宽度；足够的输入阻抗；具有输出过载保护、过热保护以及足够的输出功率。上述技术指标，除了过热保护外，其他性能均和运算放大器的性能一致。

实际上，集成功率运算放大器的性能要求与集成功率放大器基本一样，但是集成功率放大器的价格远低于集成功率运算放大器。

现在生产的集成功率放大器的主要内部结构基本相同。集成功率放大器内部电路主要包括：关系到集成稳压器安全的过热保护电路；偏置电路和恒流源电路；差分输入的差分放大器；差分放大器的双端变换为单端输出的双端变单端电路；中间放大级；OCL（无输出电容功放电路）输出级和 OCL 级的偏置电路；输出过电流保护；相位补偿电路。

为了分析方便，下面以美国国家半导体公司产品 LM3875 为例进行介绍。图 10-17 所示为 LM3875 内部简要电路。图中忽略了过热保护电路、输出过电流保护电路，将各恒流源加以简化（用两个圆环表示）。

（1）差分输入的差分放大器

为了方便地实现反馈、静态工作点的稳定和共模抑制比，差分

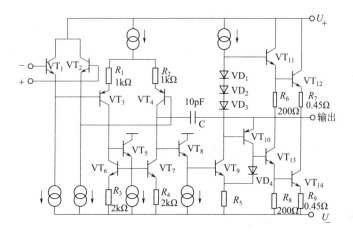

图 10-17　LM3875 内部简要电路

输入的差分放大器是最好的选择。为了获得高输入阻抗，集成功率放大器的输入级与通用集成运算放大器一样，都采用射极跟随器电路，由图中的 VT_1、VT_2 构成。由于 VT_1、VT_2 的发射极所接的负载是恒流源和 VT_3、VT_4 以及 R_1、R_2 的输入阻抗，如果 $\beta > 100$，则对应的集成功率放大器的输入阻抗将达到 $1M\Omega$ 以上；VT_3、VT_4 构成共发射极差分放大器，可以使输入级获得一定的电压增益。

（2）差分放大器的双端变换为单端输出的双端变单端电路

集成功率放大器的单端输出需要将差分放大器的双端输出转换为单端输出，同时又不能损失增益。这一部分功能电路由 VT_5、VT_6、VT_7 组成，可以将差分放大器的输出无损耗地转换为单端输出。为了尽可能地减小下一级电路的负载效应，将双端变换为单端电路的输出接入射极跟随器，这样既可以保证差分放大器的对称性，又能降低差分放大器的输出阻抗。

（3）中间放大级

欲获得 60dB 的电压增益，集成运算放大器和集成功率放大器的主要增益在中间放大级实现，中间放大级所连接的是恒流源和"达林顿"连接方式的功率输出级。因此，中间放大级的负载阻值非常高，从而获得了很高的电压增益。

（4）功率输出级和偏置电路

功率输出级的作用是将中间放大级的电压信号进行电流放大，功率输出级和功率级的偏置电路可以将中间放大级的电流放大数百倍甚至是数千倍。功率输出级多采用由 NPN 晶体管构成的"准互补"的 OCL 电路。为了使输出级电路的静态工作点不随温度变化，同时还要保证小信号输出时不失真，需要一个可以补偿输出级电路与工作状态随温度变化的补偿与偏置电路。最常见的方法是利用二极管的正向压降与晶体管的发射结温度特性基本相同的特点，通过将 3 个二极管（图中的 VD_1、VD_2、VD_3）串联实现 3 个发射结（图中的 VT_{10}、VT_{11}、VT_{12}）温度特性的补偿。

（5）相位补偿电路

对于多级电压放大电路，尽管可以获得很高的电压增益，但是，由于高增益和多级放大所造成的相移，在用来实现负反馈的应用时很容易满足反馈放大器的自励条件，使放大器出现自励现象。集成功率放大器的相位补偿电路通常在芯片内采用滞后补偿的方式实现。最简单的方法就是在电路的主增益级设置补偿电路，也就是在中间放大级的集电极与基极接一个补偿电容器，如图 10-17 所示的 10pF 的电容器 C。这样在实现功率放大电路时就可以不考虑外界相位补偿电路。

（6）集成功率放大器均内设过电流保护和过功率保护，以保证集成功率放大器在故障状态下不至于损坏。集成功率放大器的过电流保护和过功率保护与集成稳压器类似。

（7）过热保护

与集成稳压器相似，集成功率放大器具有良好的过热保护功能，以确保集成功率放大器不至于因过热而损坏。

10.6.2 常用集成功率放大器分析

常用集成功率放大器主要有：耳机放大器、1～2W 低功率放大器、12～45V 电源电压中等功率放大器和 50V 以上的高功率放大器。在低电压特别是单电源供电条件下，为了获得比较大的输出功率，多采用 BTL 电路形式和比较低的负载电阻（如 4Ω、2Ω）。

采用 OTL 电路时，电源为单电源，这样可以简化电源，但是需要附加一个输出隔直电容器，对于大功率输出，带有隔直电容器的电路将受到电容器的可承受的电流限制不再适用。对于大功率输出，通常采用 OCL 无输出电容器电路，这样的电路需要双电源供电，如果输出功率仍不满足要求，可以采用 BTL 电路增加输出功率。若要进一步增加输出功率，还可采用多路放大器并联的方式实现。

（1）耳机放大器

耳机放大器是专为耳机提供音频功率的低功率水平的功率放大器，随着便携式放声设备（如手机、MP3 等）的普遍应用，耳机放大器的需求量也大大增加。耳机放大器多应用于便携式电子设备，因此封装形式为表面贴装。

耳机放大器的负载是耳机，它的阻抗为 32Ω。输出功率不要求很大，有 $100\,\mathrm{mW}$ 就足够了。

耳机放大器一般为立体声放大器，即双声道放大器。因为耳机需要经常地插拔，很可能出现短路现象，因此耳机放大器应具有过热和短路保护功能。

耳机放大器要求在 32Ω 负载下的额定功率和 1kHz 条件下的总谐波失真要低于 0.1%；在整个频带内（20～20kHz）要具有不高于 0.2% 的总谐波失真。

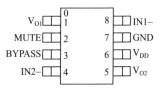

图 10-18 TPA152 的封装

图 10-18 所示是 TI 公司生产的 TPA152 耳机放大器的基本电路。TPA152 为 8-pin SOIC 封装形式。

表 10-1 所示为 TPA152 的引脚功能。

表 10-1　TPA152 的引脚功能描述

引脚号	引脚名称	I/O	功能描述
1	V_{O1}	O	通道 1 的输出端
2	静音	I	该脚为逻辑高电平时 IC 进入静音状态

引脚号	引脚名称	I/O	功能描述
3	旁路		为 IC 内部的中点电压提供旁路，电容量在 $0.1\sim1\mu F$
4	IN2−	I	通道 2 的反相输入端
5	V_{O2}	O	通道 2 的输出端
6	V_{DD}	I	IC 的电源正端
7	GND		IC 的 GND 端
8	IN1−	I	通道 1 的反相输入端

图 10-19 所示为 TPA152 内部简要原理框图。从图中可以看出，TPA152 内部的放大器实际上就是运算放大器，只不过输出功率比常规运算放大器高。由于 TPA152 是单电源供电，所以放大器的同相输入端需要接到电源的中点，因此在芯片内部带有分压电阻，分压电阻的中点接放大器的同相输入端。另外，为了保证同相输入端的"电源"低阻抗，需要对中点电压并接旁路电容，即引脚 3 外接电容器。

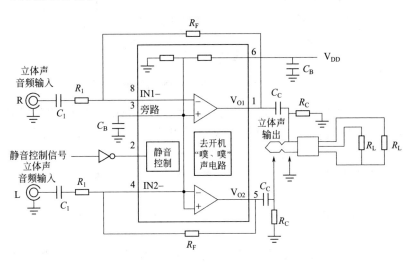

图 10-19　TPA152 内部简要原理框图

由于 TPA152 内部的放大器只是接成运算放大器的形式，整个放大器的闭环增益需要外接电阻实现，即图中的 R_F、R_1。

在不需要音量时，可采用静音方式，这样可以避免反复开机。静音方式可以通过静音控制端实现，只要将静音控制端接逻辑高电平，电路即为静音状态。

在开机过程中，OCL 功率放大器不可避免地会出现"噗、噗"声，为了消除"噗、噗"声，TPA152 设置了开机"噗、噗"声消除电路。外接的 RC 有利于抑制"噗、噗"声。

图 10-20 所示为 TPA152 典型应用电路。

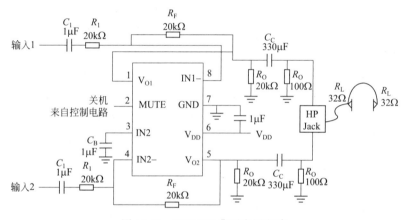

图 10-20　TPA152 典型应用电路

图 10-20 中的全部器件均采用贴片器件，电阻、电容可以选用 0805 封装。由于各电阻上的功率损耗很低，电阻可以采用 0603 甚至 0402 封装，尽可能减小电路的体积。

电路中加入 R_O、C_C 可以降低开机时的"噗、噗"声。

（2）1～2W 集成功率放大器

考虑功率放大器需要降低电源电压应用，应选用可以在 3.3～5.5V 的电压范围内工作，最好是电源电压降低到 2.7V 时仍可以正常工作的集成功率放大器，可以选用美国德州仪器公司生产的 TPA4861 单通道 1W 音频功率放大器芯片。

表 10-2 所示为 TPA4861 的引脚功能。

表 10-2　TPA4861 的引脚功能

引脚号	引脚名称	I/O	功能描述
1	SHUTDOWN 关机	I	输入信号为高电平时为关机模式
2	BYPASS 中点电压旁路	I	实际上应该是电源电压的中点，以获得放大器在单电源电压工作的输入端的直流工作点，该端子需要对地接一个 $0.1\sim1\mu F$ 的旁路电容器
3	IN＋同相输入端	I	同相输入端（在典型应用时与 BYPASS 相接）
4	IN－反相输入端	I	反相输入端（典型应用时的信号输入端）
5	V_{O1} 输出 1	O	BTL 模式下的正输出端
6	V_{DD} 电源端	I	电源电压端
7	GND 电路参考端	I	接地端（参考端）
8	V_{O2} 输出 2	O	BTL 模式下的负输出端

电源为 5V 时，在 BTL 电路模式、8Ω 负载电阻条件下可以输出不低于 1W 的功率；可以工作在 $3.3\sim5V$ 的电源电压下，最低工作电压为 2.7V；没有输出隔直电容器的要求；可以实现关机控制，关机状态下的电流仅为 0.6mA；表面贴装器件；具有热保护和输出短路保护功能；高电源纹波抑制比，在 1kHz 下为 56dB。

　　TPA4861 内部简要原理框图如图 10-21 所示。

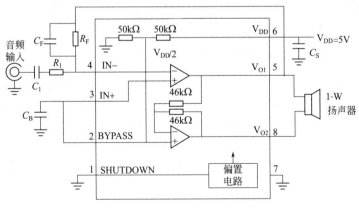

图 10-21　TPA4861 内部简要原理框图

TPA4861内部由两个功率放大器、中点电压分压电阻和偏置电路组成，其中输出2是输出1经过1∶1的反相后，由功率放大器2输出的，自然构成BTL电路结构，不需要外接电路。

（3）9W集成功率放大器TDA2030

TDA2030具有输出功率大、谐波失真小、内部设有过热保护、外围电路简单的特点，可以连接成OTL电路，也可以连接成OCL电路。

TDA2030的供电电压范围为6～18V，静态电流小于60μA，频响为10Hz～140kHz，谐波失真小于0.5%，在$U_{CC}=\pm 14V$、$R_L=4\Omega$时，输出功率为14W，在8Ω负载上的输出功率为9W。

由TDA2030构成的OCL功率放大电路如图10-22所示。

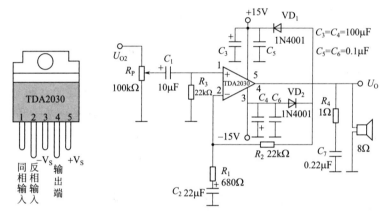

图10-22　由TDA2030构成的OCL功率放大电路

电路中的二极管VD_1、VD_2起保护作用：一是限制输入信号过大；二是防止电源极性接反。R_4、C_2组成输出移相校正网络，使负载接近纯电阻。电容C_1是输入耦合电容，其大小决定功率放大器的下限频率。电容C_3、C_6是低频旁路电容，C_4、C_5是高频旁路电容。电位器R_P是音量调节电位器。该电路的交流电压放大倍数为

$$A_{Vf}=1+\frac{R_2}{R_1}=1+\frac{22}{0.68}\approx 33（倍）$$

（4）20W 单声道集成功率放大器 LM1875

LM1875 是 NS 公司生产的 20W 单声道高保真功率放大集成电路，可为 4Ω 负载提供 20W 的最大功率。

LM1875 为 5 脚 TO-220 封装形式。其中，1 脚为同相输入端，2 脚为反相输入端，4 脚为功率输出端，5 脚、3 脚分别为正、负电源供电端。LM1875 内部含有过热、过流自动保护装置，工作安全可靠。

LM1875 既可以采用双电源供电，也可以使用单电源供电，LM1875 单电源、双电源供电时的应用电路如图 10-23 所示。

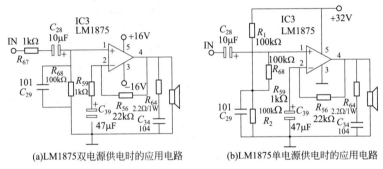

(a)LM1875双电源供电时的应用电路　　(b)LM1875单电源供电时的应用电路

图 10-23　LM1875 单电源、双电源供电时的应用电路

在单电源供电的情况下，要想获得与双电源相同的输出功率，其供电电压必须为双电源电压的 2 倍。需要注意的是：采用单电源时，在其金属散热片和外接散热器之间不需要使用绝缘垫片，但在使用双电源供电时，则必须加绝缘垫片。

（5）20W 双声道集成功率放大器 LM1876

LM1876 是 NS 公司生产的双声道 20W 集成功率放大器，LM1876 的典型应用电路如图 10-24 所示。

图中，IC1 及其外围元件组成缓冲放大级，电路增益为 $A_{uf} = \dfrac{R_4}{R_1 + R_2} = \dfrac{50}{10 + 0.1} \approx 5\text{dB}$。电路中，设置了 22kΩ 电阻 R_{25}、R_{26}，这样不但可以将输入阻抗限制在 22kΩ，避免前置电路工作在高阻抗状态，还可以对 50Hz 感应信号进行有效的抑制，提高整机信噪比。

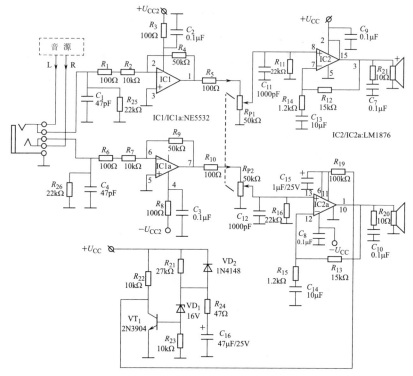

图 10-24　LM1876 的典型应用电路

LM1876 在 $4 \sim 30\Omega$ 的范围内均可稳定地工作，供电电压为 $\pm 10 \sim \pm 25V$，当供电电压降低时，只是输出功率的大小受到影响，其他指标影响不大。

LM1876 的 6、11 脚为左/右声道静噪控制端。接高电平时（高于 1.6V），LM1876 内部电路执行静音操作，切断输出端的音频信号。因此可以在 6、11 脚与正电压之间接一个 RC 延时网络，使其在开机瞬间为高电平，输出电路无音频信号输出。延时一段时间后，再正常输出，以避免开机瞬间输出端电位失谐对扬声器的冲击。

三极管 VT_1、R_{24}、C_{16}、R_{20}、C_{15} 构成开机延时网络，调整它们的取值范围，可以改变时间的长短，以获得满意的开机延时时间。

需要注意的是，R_{11}、R_{16} 的取值范围应在 15～51kΩ 之间。R_{11}、R_{16} 的取值过高会使输出端的中点电位偏高；也不可过低，否则输入阻抗太低，增大前级电路的功耗，使输出增益下降。

R_{12}、R_{14} 与 LM1876 的 3、7 脚相连构成负反馈网络。该电路的放大倍数也由 R_{12}、R_{14} 决定，即放大倍数为 $(R_{12}+R_{14})/R_{14}=(15kΩ+1.2kΩ)/1.2kΩ=13.5$。只要改变 R_{12}、R_{14} 的阻值，就可以调整电路的放大倍数。但需注意的是，放大倍数应在 10 倍以上，否则 LM1876 工作会不稳定。

R_{15} 与 C_7 构成扬声器补偿网络，可吸收扬声器的反电动势，防止电路振荡。C8 和 C9 为电源旁路电容，主要起降低电源高频内阻的作用，防止电路高频自激，使 LM1876 工作更稳定。

（6）40W 双声道集成功率放大器 LM4766

LM4766 是 NS 公司生产的 40W 双声道高保真功率放大集成电路。LM4766 的典型应用电路如图 10-25 所示。

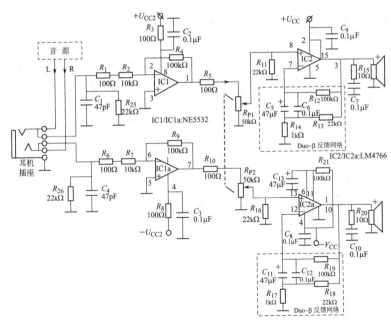

图 10-25　LM4766 的典型应用电路

LM4766 的 ⑥ 脚、⑪ 脚为静噪控制端，当其接低电平时，LM4766 内部电路执行静音操作，切断输出端的音频信号。因此可在⑥脚、⑪脚与负电压之间接一个 RC 延时网络，RC 延时网络由 R_{21}、C_{13} 构成，使其在开机瞬间为低电平，输出电路无音频信号输出。延时一段时间后，再正常输出，以避免开机瞬间输出端电位失谐对扬声器的冲击。

IC1 及其外围元件组成缓冲放大级，其电路增益为 $A_{uf} = \dfrac{R_4}{R_1 + R_2} = \dfrac{100}{10 + 0.1} \approx 10\text{dB}$。电路中特设置了 $22\text{k}\Omega$ 电阻 R_{25}、R_{26}，这样不但可以将输入阻抗限制在 $22\text{k}\Omega$，避免前置电路工作在高阻抗状态，还可以对 50Hz 感应信号进行有效的抑制，提高整机信噪比。

LM4766 工作在交流放大状态，音频信号通过负反馈网络时要经过电容 C_5、C_{11}，同时负反馈网络变为阻容网络。由于电容的容抗，放大器最低工作低频下限将受到限制，若 C_5、C_{11} 的频率特性不佳，将会严重影响到放大器的频率响应。

虽然在 C_5、C_{11} 的两端并联了一个 $0.1\mu\text{F}$ 电容来改善它们的高频性能，但为了降低功放电路的低频下限，必然要加大 C_5、C_{11} 的容量。但电容选得越大，其高频性能越不好，导致电路的高频性能变差，且此电容过大也将使放大电路在开机瞬间对电容充电时间过长，反映在输出端将产生一个可怕的直流电位，极易损坏扬声器，同时也容易导致放大器产生振荡，严重影响稳定性。

为了克服以上缺点，有些音响生产厂商在设计电路时，在负反馈网络中加入了一个电阻 R_{13}（R_{18}），使电路的反馈方式变成 Duo-β 反馈电路。这样就可以在负反馈电容 C_5、C_{11} 容量大小不变的前提下，使功放机的低频下限降低一个数量级。

10.6.3 通用集成功率放大器

20 世纪 80 年代，车载音响和盒式录音机的普及使电池供电的音频功率放大器得到了飞速发展，从简化电路和减轻设计工程师的设计压力的角度考虑，集成音频功率放大器成为了不错的选择。

最简单的集成功率放大器是 TDA2002，后来发展出来的仅有 5

个引脚，这种集成功率放大器外电路极其简单，只要电路板图设计正确，几乎不用调节。不仅如此，集成音频功率放大器的适应电源电压范围也很宽，这是分立元件的功率放大器所不能比的。

最原始的 2002 集成功率放大器之一是日本的 NEC 的 μPC2002，但是时至今日，仍找不到 μPC2002 内部电路，这是日本半导体器件制造商技术数据的一大特点。相比之下，欧美的半导体器件在公开的信息渠道可以找到非常详细的数据和内部原理图。

与集成稳压器类似，各公司生产的 2002、2003 系列集成功率放大器在推荐的典型应用电路和大多数正常应用状态下是可以直接互换的。TDA2002 是典型基极输入的差分放大器的输入级，构成了现代集成功率放大器内部电路结构的基本框架。美国仙童半导体公司的 TDA2002 的内部电路如图 10-26 所示。

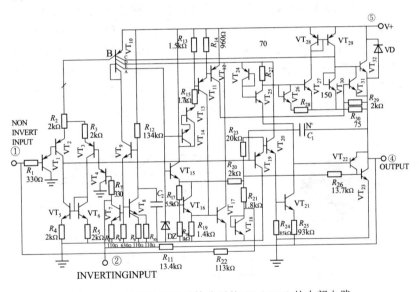

图 10-26　美国仙童半导体公司的 TDA2002 的内部电路

TDA2002 的内部电路相对复杂，相比之下，ST 的 TDA2003 则简单得多。ST 的 TDA2003 的典型应用电路如图 10-27 所示。

TDA2003 的封装外形与引脚功能如图 10-28 所示。TDA2003

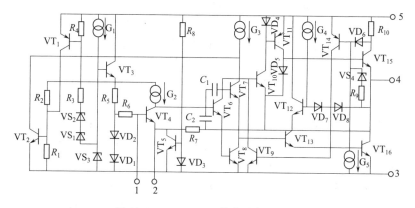

图 10-27　TDA2003 的典型应用电路

采用 TO-220-5 引脚封装形式，为了解决引脚之间间距小的问题，TDA2003 将 1、3、5 引脚弯曲，使其不与 2、4 引脚在同一直线，加大了邻近引脚的间距。这种 TO-220-5 引脚封装形式和各引脚功能成为了后来很多中等功率输出的集成功率放大器的"标准"封装形式，使得很多不同公司、不同型号的集成功率放大器实现封装、对应的引脚功能相同（pin-to-pin），可以直接互换。

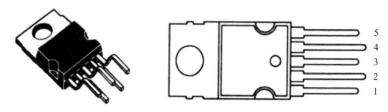

图 10-28　TDA2003 的封装外形与引脚功能
1—同相输入端；2—反相输入端；3—GND；4—输出端；5——+V_{CC}

从图 10-27 可以看出，TDA2003 的输入级电路不是差分放大器，而是同相输入端与反相输入端共用同一晶体管 VT_4，同相输入端接晶体管基极，反相输入端接晶体管发射极。即同相输入的输入级为共发射极放大器，反相输入端的输入级为共基极放大器。两个放大器的增益相同，相位相反，形成共发射极-共基极差分放大

教你快速看懂电子电路图

器电路。由于两个放大器的输入方式不同，需要低阻抗输入。因此，在 TDA2003 应用电路中的反相端的接地电阻的阻值仅为 2.2Ω（R_2），其反馈隔直电容的容量需要 $470\mu\text{F}$（C_2），高于共发射极差分放大器输入级的 $22\mu\text{F}$，如图 10-29 所示。

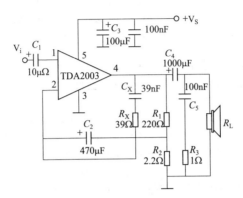

图 10-29　TDA2003 典型应用电路

参 考 文 献

［1］秦曾煌．电工学．第 7 版：下册．北京：高等教育出版社，2009.

［2］陈永珍编著．线性功率集成电路原理与应用．北京：机械工业出版社，2009.

［3］赵广林编著．电路图识读一读通．北京：电子工业出版社，2013.

［4］韩雪涛主编．电子电路识图快速入门．北京：人民邮电出版社，2009.

［5］吕之伦等主编．电子元器件与电子电路识图快捷通．上海：上海科学技术出版社，2009.

［6］陈海波等编著．电子电路识图技能一点通．北京：机械工业出版社，2009.

［7］胡斌，胡松编著．视频详解放大器电路识图入门．北京：人民邮电出版社，2011.

［8］蔡杏山．零起步轻松学电子电路．北京：人民邮电出版社，2010.

［9］付少波，赵玲主编．数字电子技术实用电路．北京：化学工业出版社，2013.

［10］杨志忠，卫桦林主编．数字电子技术基础．第 2 版．北京：高等教育出版社，2009.

［11］张宪．怎样识读电子电路图．北京：化学工业出版社，2009.

［12］刘建清编著．数字电子技术从入门到精通．北京：国防工业出版社，2006.

［13］唐颖，陈新民编著．数字电子技术及实训．杭州：浙江大学出版社，2007.

［14］孙余凯等著．巧学巧用数字集成电路实用技术．北京：电子工业出版社，2010.

［15］韩广兴等主编．电子技术基础应用技能上岗实训．北京：电子工业出版社，2008.

［16］门宏主编．晶体管实用电路解读．北京：化学工业出版社，2012.

［17］王忠诚，孙唯真编著．电子电路及元器件入门教程．北京：电子工业出版社，2006.

［18］胡斌，胡松编著．图表细说电子技术识图．第 2 版．北京：电子工业出版社，2011.

［19］陈利永编著．电子电路基础．北京：中国铁道出版社，2006.

［20］刘宝玲主编．电子电路基础．北京：高等教育出版社，2006.

［21］王煜东编著．传感器应用电路 400 例．北京：中国电力出版社，2008.

［22］李萍，刘巍主编．电子电路识图．北京：化学工业出版社，2006.

［23］蔡杏山主编．学电子电路超简单．北京：机械工业出版社，2013.

［24］曾照香，王光亮主编．实用电工电子技术．北京：科学出版社，2008.

［25］刘全忠，刘艳莉主编．电子技术（电工学Ⅱ）．北京：高等教育出版社，2008.

［26］黄俊，王兆安．电力电子变流技术．第 2 版．北京：机械工业出版社，1999.

［27］门宏主编．晶体管实用电路解读．北京：化学工业出版社，2012.

[28] 刘修文编著. 图解电子电路要诀. 北京：中国电力出版社，2006.

[29] 户川治郎著. 实用电源电路设计. 北京：科学出版社，2006.

[30] 胡斌编著. 电子电路识图入门突破. 北京：人民邮电出版社，2008.

[31] 卿太全编著. 常用直流稳压电源电路应用 200 例. 北京：中国电力出版社，2006.

[32] 杨贵恒等编著. 现代电源技术手册. 北京：化学工业出版社，2013.

[33] 惠晶主编. 新能源转换与控制技术. 北京：机械工业出版社，2008.

[34] 沈锦飞主编. 电源变换应用技术. 北京：机械工业出版社，2007.